U0189949

海洋与人类
科普丛书

总主编　吴立新

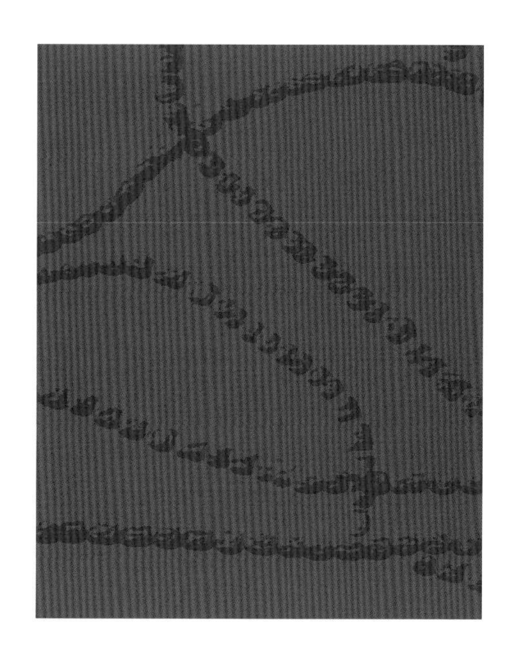

海洋微生物寻访

宋微波　张士璀 ◎ 主编

中国海洋大学出版社
·青岛·

“海洋与人类”科普丛书

总主编　吴立新

海洋微生物寻访

主　编　宋微波　张士璀

副主编　张晓华　孙世春

总前言

海洋，是生命的摇篮、风雨的故乡、资源的宝库、文化交流的通路、经贸往来的航道、国家安全的屏障。“海洋对于人类社会生存和发展具有重要意义。”

海洋如同一位无私的母亲，始终慷慨地支撑着人类文明的进步。人类很早就“通舟楫之便，兴鱼盐之利”。随着时间的推移，海洋在人类社会的发展中发挥着越来越重要的作用。人类也从未停止过对海洋的探索与开发。历史告诉我们，“向海而荣，背海而衰”。

我国是海洋大国，正在向海洋强国进发。2012 年党的十八大报告明确提出了“建设海洋强国”。2017 年党的十九大报告指出：“坚持陆海统筹，加快建设海洋强国”。2022 年党的二十大报告指出：“发展海洋经济，保护海洋生态环境，加快建设海洋强国。”习近平总书记强调：“建设海洋强国是实现中华民族伟大复兴的重大战略任务。”

提升全民尤其是青少年的海洋意识，培养海洋科技人才，是建设海洋强国的迫切需求和重要保障。科普，正是提升全民海洋意识快速而有效的途径。习近平总书记指出，科技创新、科学普及是实现创新发展的两翼，要把科学普及放在与科技创新同等重要的位置。科普教育可以引导人们亲海、爱海，增进人们对海洋的了解，激发人们认识海洋、探索海洋的热情，实现人海和谐共生的美好愿景。“海洋与人类”便是这样一套服务于海洋强国建设的科普丛书，它为我们打开了一扇通向海洋世界的大门。

海洋孕育了生命。从第一个单细胞生物的诞生到创造美好生活的人类，从遨游于海洋到漫步于陆地，在几十亿年的光阴中，海洋母亲看着她的子孙成长和繁衍。《海洋生物溯古》带我们穿越久远的时光，了解海洋精灵们的前世今生。在这里，我们迎接地球上第一批生命的诞生，赞叹寒武纪生命大爆发的绚烂，见证鱼儿“挑战自我”勇敢登陆的高光时刻……我们感受到海洋生物演化的波澜壮阔，也不禁要思考海洋与生命的未来。

海洋微生物是海洋里最不起眼的“居民”。它们的个头小到无法用肉眼直接看见。然而，它们具有非凡的能力，在维持地球生态系统平衡中发挥着关键作用，对人类的生活产生着重大而深远的影响。在《海洋微生物寻访》的陪伴下，我们一同走进海洋微生物的世界，观察它们身上独特的“闪光点”，了解这些奇特的小生命在海洋食品安全、海洋材料开发等方面给人类带来的困扰或帮助，为它们在海洋环境保护中发挥的积极作用点赞。

海洋母亲，为人类积蓄了千万“家产”，多金属结核便是其中之一。多金属结核具有重要的科学与经济价值，对深海多金属结核的开发将推动深海战略产业的发展。在《多金属结核探秘》中，我们将认识多金属结核的独特之处，知晓在海底“沉睡”许久的它是怎样被人类“唤醒”，并在人类社会中大放异彩的。多金属结核的开采会对海洋环境造成影响，面对这种情况，我们又该做些什么？答案就在这本书中。

癌症、心脑血管疾病、神经退行性疾病以及传染病等严重威胁着人类的健康。人类迫切需要创新药物研发路径。由于海洋环境复杂，生活于其中的形形色色的海洋生物，拥有着诸多结构新颖、作用显著的生物活性物质。这些生物活性物质，正是新药研发的源头活水。《海洋药物觅踪》打造了一个璀璨的舞台，为“蓝色药库”贡献力量的海洋生物“明星”华丽登场，其中既有我们熟知的珊瑚、海星，也有海鞘等“生面孔”。它们都可为我们的健康守护贡献力量。

没有海洋，便没有我们人类。人类对海洋的探索，改变着海洋，也推动着人类文明的不断进步。“建设海洋强国，必须进一步关心海洋、认识海洋、经略海洋”。“海洋孕育了生命、联通了世界、促进了发展。我们人类居住的这个蓝色星球，不是被海洋分割成了各个孤岛，而是被海洋连结成了命运共同体，各国人民安危与共。”总书记的讲话，回响在耳畔。亲爱的读者朋友，让我们阅读“海洋与人类”科普丛书，体悟海洋与人类千丝万缕的联系，感受人类探索海洋取得的丰硕成果，畅想海洋与人类更加美好的明天！

2024年3月

写在前面

浩瀚无垠的海洋，孕育了一个绚烂多彩、生机勃勃的海洋生物世界。在这宏大的生命画卷中，除了我们常见的鱼、虾、贝、藻等之外，还隐藏着数量惊人、往往不为肉眼所见的微生物。这些微小而不起眼的生命体，在海洋中实则扮演着“巨人”的角色，它们的事迹与贡献，远超出我们的想象。

海洋微生物是地球上最早的“居民”，见证了地球的沧桑巨变，并在这一过程中发挥了不可或缺的作用。在 25 亿年到 35 亿年前的原始海洋中出现的蓝细菌，孜孜不倦地进行着光合作用，不断地向大气中泵出氧气，推动着地球的演化，为现代地球生态系统的构建奠定了基石。

这些微小的生命在海洋这个大舞台上各司其职且大放异彩。海洋中的“清道夫”和“分解者”异养细菌，使出浑身解数，将海洋生物的排泄物、食物残渣、遗体等有机废物转化为无机营养，为浮游植物的生长提供了宝贵的养分。一些特殊的微生物，能够降解 PET 塑料，展现了它们在环境保护方面的巨大潜力。

海洋微生物更是人类宝贵的自然资源库，它们为人类贡献了许多具有抗菌、抗癌等生物活性的物质，为海洋功能食品、海洋药物、海洋材料、海洋能源开发，海水养殖以及海洋生态保护等领域的发展提供了强有力的支持。

你想了解这些神奇的微小生物吗？它们是人类值得珍惜的朋友，还是令人畏惧的敌人？让我们携手翻开这本书的精彩篇章，深入地探寻隐匿于微观之下的秘密吧。

○ Contents 目录

海洋微生物的家族

海洋细菌 002

海洋古菌 014

海洋真菌 020

海洋病毒 028

海洋微生物的独特性

嗜盐性 042

嗜压性 044

嗜热性 046

嗜冷性 047

低营养性 049

趋化性 050

多形性 051

发光性 054

趋磁性 059

产生色素 062

海洋
微生物与
人类生活

海洋微生物与海洋食品安全 068

海洋微生物与海洋功能食品开发 075

海洋微生物与海洋药物开发 082

海洋微生物与海洋材料开发 087

海洋微生物与海洋能源开发 096

海洋微生物与海水养殖 104

海洋微生物与海洋环境污染防治 115

海洋
微生物与
海洋生态保护

维护海洋生态系统平衡 126

应对气候变暖 138

海洋微生物的家族

海洋微生物是能够在海洋环境中生长繁殖、个体微小、单细胞或个体结构较为简单的多细胞或没有细胞结构的低等生物。海洋生物的家族包括海洋细菌、海洋古菌、海洋真菌、海洋病毒和海洋放线菌等，下面主要介绍海洋细菌、海洋古菌、海洋真菌、海洋病毒。

海洋细菌

海洋细菌初印象

海洋细菌是指能在海洋环境中生长与繁殖的细菌。它们是茫茫大海中极其微小的单细胞生物，大多数仅由一个长度为 0.5 ~ 5 微米的细胞组成。

虽然个头小，但海洋细菌不容小觑。它们凭借其最广泛的分布和最大的“菌口”数量，形成海洋微生物大家族中最庞大的分支。它们四海为家，不仅遍布各类常见的海洋生境，如海水、海洋沉积物、海冰，更是勇于挑战极限，被发现于深渊海沟、深海热液喷口和冷泉、海山、极地等特殊海洋生境中。此外，海洋动植物的体表或体内也有它们的身影。一般来说，海洋细菌最常聚居在近海区域，尤其是在海

小链接

虽然大多数细菌都是肉眼不可见的，但它们无处不在。它们存在于脓肿的伤口，发炎的嗓子上，馊掉的牛奶里……它们似乎总以反面形象出现在大家面前，不免让人谈“菌”色变。

事实上，“反派”细菌只占整个细菌大分类中的很小一部分，大多数细菌都是无害的，有些种类甚至对人类有益。比如说，最常见的细菌“朋友”乳酸杆菌，常用于牛奶的发酵，在为我们提供风味极佳的酸奶之余，还有益于我们的肠胃健康。

湾和河口区，每滴水中的细菌数量可高达100万个。相比之下，深海海水不是海洋细菌的“抢手楼盘”，但是，每滴深海海水中仍有1万个海洋细菌。

小链接

海水中数量最多的一类细菌叫作“SAR11”。它们在海水中的数量可高达 2.4×10^{28} 个，约占海洋中浮游微生物数量的25%。而且，它们只能存在于海洋环境中。

生长速度最快的海洋细菌是需钠弧菌。它们的生长速度能有多快呢？在适宜的环境条件下，它们不到10分钟就可以繁殖一代。

相貌各异的海洋细菌

大多数海洋细菌都是肉眼不可见的，只有借助显微镜才能一睹其真容。显微镜下的它们形态各异，如球状、杆状、螺旋状、丝状、分枝状等。不过也有一些个头较大的海洋细菌，我们仅凭肉眼就能把它们看清楚，比如说长达600微米的费氏刺骨鱼菌。

海洋细菌是原核生物，主要由细胞壁、细胞（质）膜、细胞质、核糖体及核区等部分构成。它们的细胞壁通常比较坚韧，有助于保持自身的形态。它们的核区部分没有核膜包裹，不像真核生物那样拥有真正的细胞核结构，只有被称作“拟核”的裸露的DNA。虽然它们

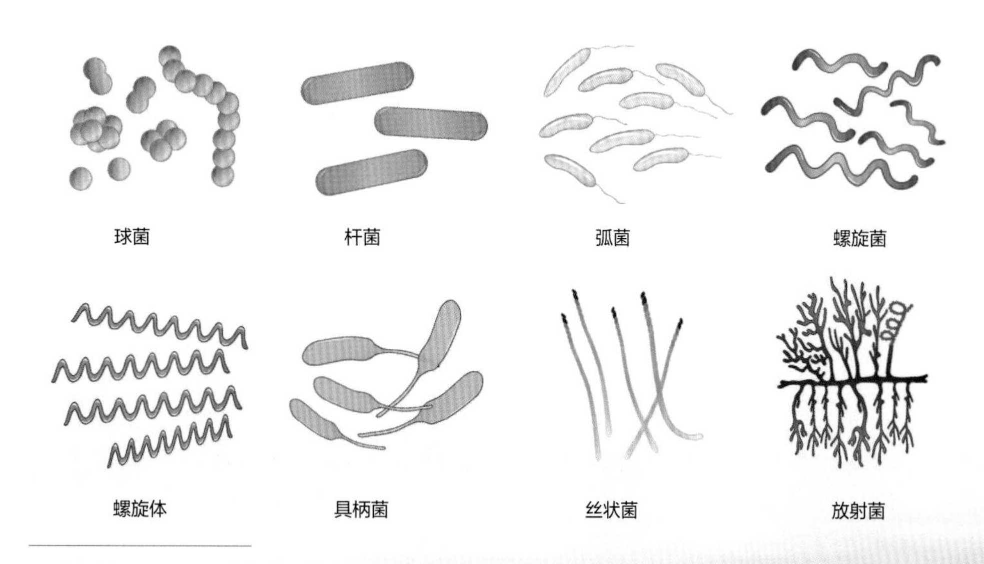

海洋细菌的形态（李倩宇绘）

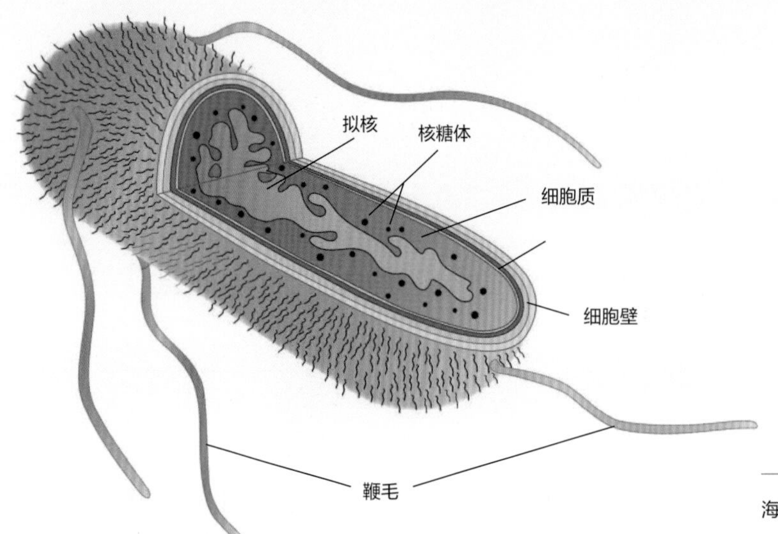

海洋细菌的细胞结构（李倩宇绘）

不像常见的动植物那样拥有线粒体、内质网等复杂的细胞内微结构（细胞器），但是，一些海洋细菌（如蓝细菌）拥有光合色素，这让它们和绿色植物一样可以进行光合作用。此外，有些海洋细菌拥有鞭毛、菌毛、荚膜、S层蛋白、磁小体、羧酶体等特殊结构。其中，鞭毛让海洋细菌能在海洋中游动，有些没有鞭毛的海洋细菌类群可以以滑行的方式运动。

> 小链接
>
> **原核生物和真核生物**
>
> 在生物界中，按照有无真正的细胞核来分，细胞生物分为原核生物和真核生物两大类。其中，真核生物具有细胞核，细胞核内含有遗传物质；原核生物虽然同样拥有遗传物质，但它们的遗传物质以游离的形式存在于细胞中，但没有专门的细胞核将它们“储存”起来以从空间上隔开它们和其他细胞结构。

从“抱团”到“独立”

在自然环境中，不同种类的海洋细菌常常“抱团”混合生存。若要对某一种海洋细菌进行研究，就必须在菌群中把它找出来，这个过程称为分离纯化。

最常用的分离纯化方式是固体培养基平板分离法，即使用固体培养基让微生物在其中生长并形成肉眼可见的细菌部落——菌落，再进行纯化以获得单一的菌株。固体培养基可由天然的固体状物质（如马铃薯块、米糠）制成，或在液体中添加凝固剂（如琼脂）获得。受培养基限制，繁殖的菌体常聚集在一起，形成菌落。由于不同种类的海洋细菌可能产生不同的色素，因此，大大小小的菌落可能会呈现不同的颜色。

科学家通常采取平板划线法（平板分离法的一种）对培养在固体培养

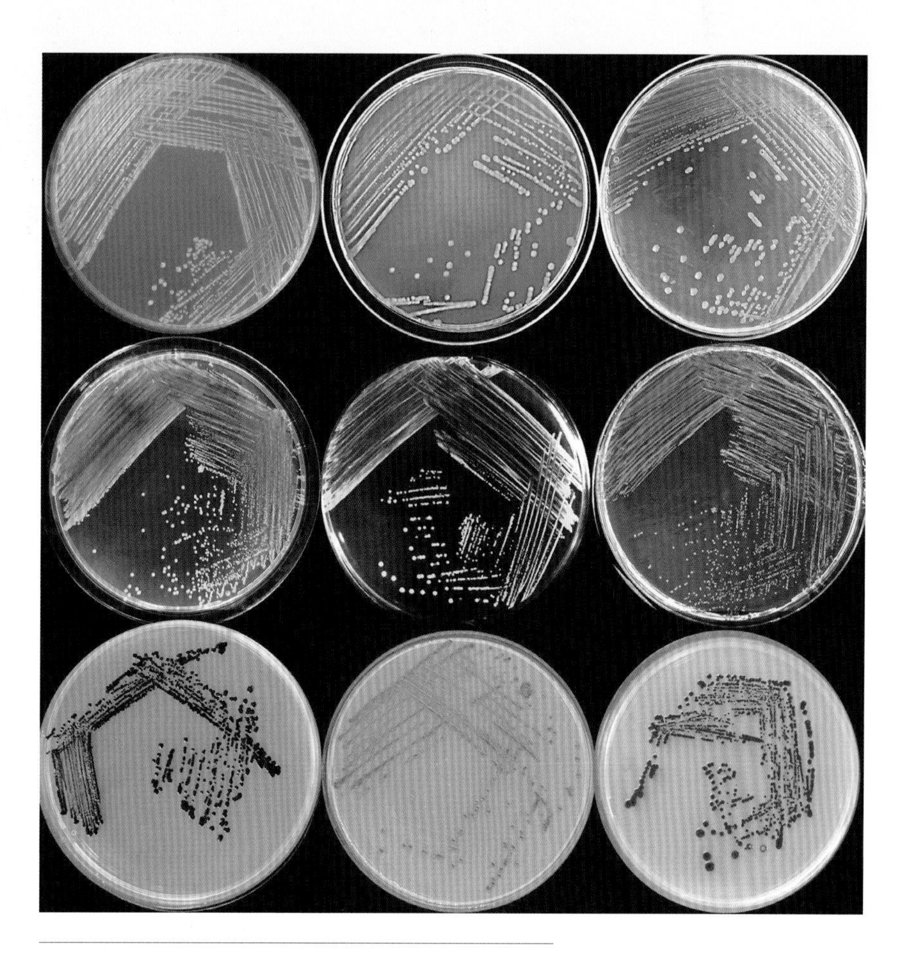

平板划线法分离培养的五颜六色的海洋细菌（张晓华研究团队摄）

小链接

天生的艺术家

很多海洋细菌能产生色素，显现出大红、粉红、橙黄、亮黄、浅黄、奶白、深紫等颜色。因此，在一些艺术创作中，可以利用海洋细菌在培养基平板上作画。

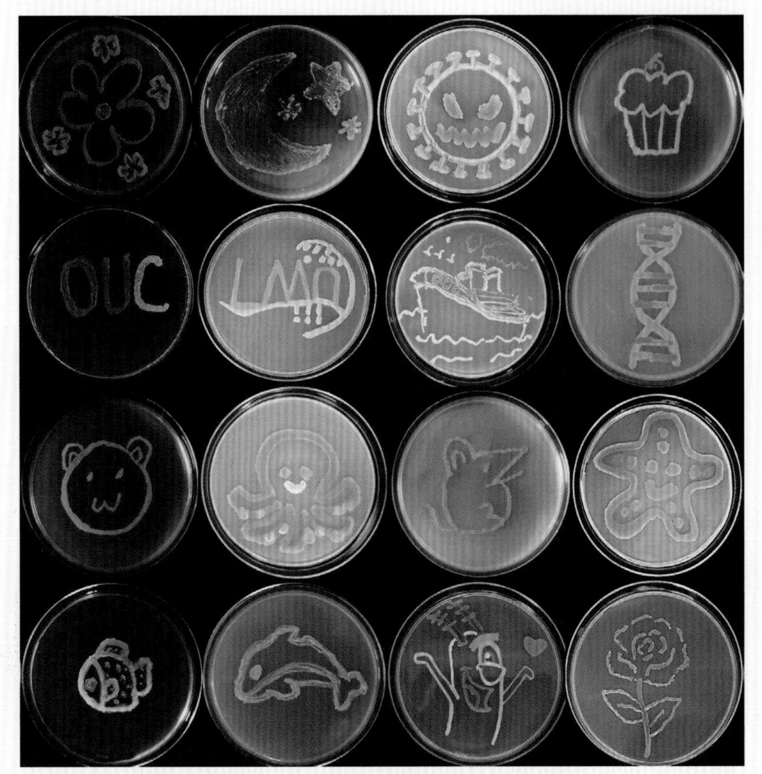

用海洋细菌进行培养基平板作画（张晓华研究团队摄）

基中“抱团”的海洋细菌进行分离纯化。平板划线，就是将沾有待分离的海洋细菌菌落的接种环在固体培养基的表面进行连续划线。随着划线次数的增多，划线末端的海洋细菌数量减少，逐步分散开。对于单个菌落来说，用平板划线法分离培养 3 次后便可以得到纯种海洋细菌菌株。

丰富多样的海洋细菌

在海洋环境中，已知生理类群的细菌可按照不同的标准进行分类。

按照营养物质的性质分类

自给自足型：自养细菌

自养细菌能够通过光合作用或化能合成作用合成生长所需有机物，维持自身的生命和生长，是海洋细菌中自给自足的典范。常见的海洋自养细菌包括蓝细菌、硝化细菌、硫细菌等。

蓝细菌的细胞直径最大可达 60 微米。蓝细菌类群具有多种形态，单细胞类群多呈球状、椭球状和杆状，单生或团聚体；而丝状体蓝细菌是由

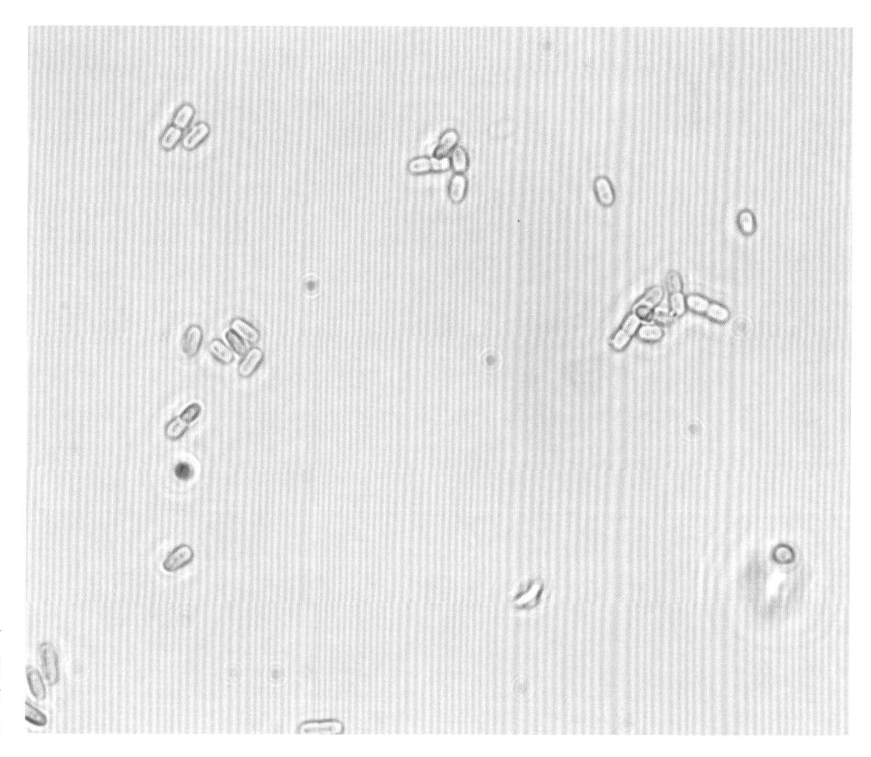

蓝细菌（聚球藻；中国科学院青岛生物能源与过程研究所张增虎提供）

许多细胞排列而成的群体。蓝细菌含有叶绿素等色素，叶绿素的存在使得蓝细菌可以像植物一样进行光合作用，能够吸收大气中的二氧化碳来合成自身所需要的有机物，维持自己的生存。有些蓝细菌还具有固氮能力，能吸收大气中的氮气并合成铵盐等物质。铵盐可是海洋浮游植物生长的必备营养物质，能够帮助浮游植物快速生长。因此，这类蓝细菌常被视为浮游植物的好帮手。

“万物生长靠太阳”，硫细菌却是广阔海洋中的异类，是另一类典型的海洋自养细菌。在黑暗的海洋中，硫细菌可以将硫化氢氧化为硫元素或硫酸盐，并利用反应释放出的能量把二氧化碳合成为自身所需要的有机物。这类细菌不仅自给自足，还总是“慷慨解囊”，能间接地为其他海洋生物提供营养。这类细菌的存在让高硫、低氧、无光的深海热液喷口附近生机勃勃。

有机资源利用型：异养细菌

异养细菌无法像自养细菌一样合成有机物。幸运的是，海洋中有多种有机物来源，如浮游植物通过光合作用合成的有机物、通过河流汇入海洋的陆源有机物。异养细菌能把它们利用起来，从而获得自身生长发育所需的营养和能量。

按照能量来源分类

追光型：光能细菌

光能细菌能吸收光能合成有机物以获得自身生长所需营养。例如，蓝细菌和玫瑰杆菌都是光能细菌，蓝细菌可利用叶绿素吸收光能，而玫瑰杆菌则利用一种被称为变形杆菌视紫红质的物质吸收光能。

化学反应型：化能细菌

化能细菌不能进行光合作用，它们获得能量的方式有两种：第一种是化能异养细菌，它们能直接利用有机物；第二种是化能自养细菌，它们通

深海热液喷口（管状生物为深海管状蠕虫）

过氧化无机物获得能量，并进一步合成有机物。

大多数海洋细菌属于化能异养细菌，可以直接把浮游植物光合作用合成的有机物为自己所用。化能自养细菌多发现于深海热液喷口附近，它们能利用喷口附近大量的硫化氢气体合成有机物，并造福一方生物。例如，大量的化能自养细菌生活在深海管状蠕虫的体内，它们合成的有机物为"房东"深海管状蠕虫提供了充足的营养，因此，深海管状蠕虫即使没有口、消化道及肛门结构，也能很好地生存。

按照对氧的需求分类

离不开氧气型：好氧细菌

好氧细菌也称需氧细菌，只能在有氧环境中生长繁殖，通过氧化有机物或无机物进行产能代谢。大多数生活在海水有氧环境的细菌是好氧细菌，它们不像真核细胞一样具有线粒体，但可以利用分布在细胞质膜上的特定结构进行有氧呼吸。

偏爱无氧型：厌氧细菌

相比好氧细菌，厌氧细菌是一类在无氧环境下会生长得更好的细菌。它们分为专性厌氧菌和兼性厌氧菌两类：专性厌氧菌在有氧环境下不能生长；兼性厌氧菌在有氧和无氧环境中均能生长繁殖，可通过不同的方式获得能量。许多生活在海洋沉积物等无氧环境中的细菌都是厌氧细菌。

按生态习性分类

寄人篱下型：寄生细菌

寄生细菌无法单独生存，只能寄生于活的生物体内，从宿主中获取营养以满足自身的需要。很多病原细菌，如迟缓爱德华氏菌，可以寄生于多种海洋动物体内。它们灵活地穿过层层阻碍，在宿主的吞噬细胞内繁殖，最终导致宿主细胞裂解。

“废物”利用型：腐生细菌

腐生细菌能在海洋中进行废物利用，通过分解动植物尸体等获取能量。在此过程中，它们会产生二氧化碳和硝酸盐等无机物，这些无机物除了供自身利用外，还能为光合生物提供光合作用的原料。

不同的腐生细菌能分解利用不同的物质。有些细菌能够分解纤维素或几丁质（存在于虾、蟹等甲壳动物的外壳中），有些能够分解利用蛋白质或脂肪，有的甚至能够降解石油。在海洋中，无论是单细胞生物，还是海洋霸主鲨鱼，都难逃死后被腐生细菌分解利用的命运。

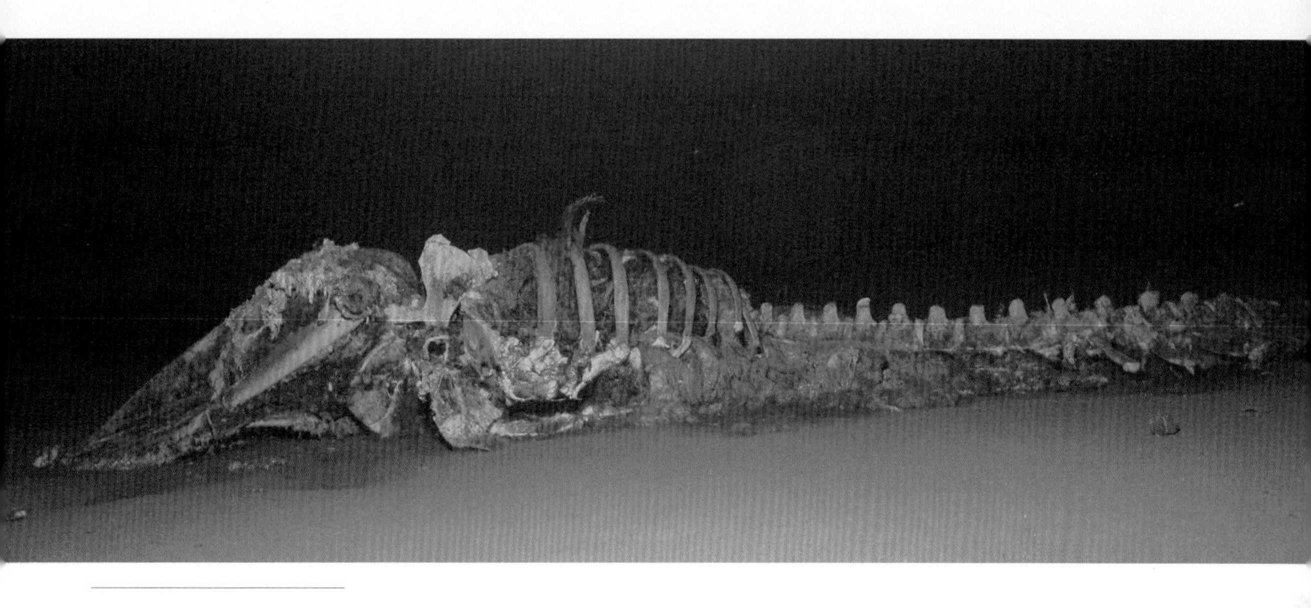

被腐生细菌逐渐分解的海洋动物

按生活方式分类

随波逐流型：浮游细菌

海洋浮游细菌是指在海水中营浮游生活的细菌。它们的直径通常为0.2 ~ 2微米，只能随波逐流。它们具有极为丰富的遗传多样性和生理代谢多样性，在海洋生态系统中占据着重要的生态地位。一些海洋浮游细菌类群，如固碳变形细菌及好氧不产氧光合异养细菌，在海洋碳循环和光利用过程中发挥着独特的作用。

依附靠山型：附着细菌

有些海洋细菌需要附着于大型藻类、浮游植物、海洋动物或其他颗粒物上生活，被称为附着细菌。在海洋环境中，附着细菌常常是有机物的合成与分解、污染物的生物降解以及限制性营养盐的循环过程中重要的功臣。

海洋细菌的“十八般武艺”

海洋细菌是海洋中的“清道夫”，是驱动物质循环和能量流动的动力源，更是蕴奇待价的宝库。

海洋中不可或缺的一员

大多数海洋细菌是海洋中的分解者。它们能把海洋环境中的残渣、动植物残体中的复杂有机物分解为简单的无机物，释放到环境中供其他生物再利用，实现能量流动和物质循环。它们是海洋中的清洁工——如果没有它们，海洋中的“垃圾”将堆积如山。此外，有些海洋细菌也是重要的生产者。它们能将二氧化碳转化为更复杂的有机物，为自身及其他海洋生物提供碳源和能量来源。

海洋中重要的宝藏

对于人类来说，海洋细菌是海洋中重要的宝藏。

海洋细菌是生物活性物质的重要来源，能为人类提供重要的医药资源。有些海洋细菌能产生多种抗生素，如海洋放线菌，是人类治疗细菌性感染疾病重要的药物来源。有些海洋细菌产生的活性物质能抑制肿瘤细胞，有抗凝血和抗病毒的活性，有望在未来应用于癌症、心脑血管病和病毒性疾病的治疗。目前，科学家已从海洋细菌中获得多种具有药效活性的化合物，科学家相信，海洋细菌将成为21世纪开发新型医药产品的重要资源。

海洋细菌也为开发新型酶制剂提供了帮助。例如，弧菌产生的蛋白酶已被广泛应用于洗涤剂配方中。其中，溶藻弧菌产生的胶原酶在工业和医药应用上大显身手。人们也从处于海洋极端环境中的细菌中分离出许多具有特异功能的酶，这些来自海洋细菌的新型酶已在食品加工、分子生物学、废物处理等领域初露锋芒。

科学家还根据海洋中能发光的细菌设计出了细菌探测仪。当所处的海水受到搅动或受化学物质的刺激时，这类细菌就能发出荧光。细菌探测仪中生活着多种发光细菌，当它们感受到各自敏感的毒气或炸药等物质时就会发光，在海关检查时大显神通。

大量的海洋细菌还急待科学家们去探索和利用。

海洋古菌

古菌名称的由来

在古菌这一名称被提出以前，科学界普遍认为地球上的所有生命体仅可被分为原核生物和真核生物两类，其中的原核生物仅包括细菌。20 世纪 70 年代，人们发现一群能够产生甲烷的特殊“细菌”与传统的细菌类群具有很大区别。这类微生物最早常被发现生活在盐湖、海底热液喷口、陆地热泉等高盐、高温或高压等极端环境中，这些环境与 30 亿年前的地球环境类似，因此它们被命名为“古菌”。如今，古菌被发现广泛存在于自然界中。

“神通广大”的海洋古菌

甲烷的产生和消耗

在没有氧气的海底沉积物，存在着一群可以将二氧化碳和氢气、甲基化合物（如甲酸和甲醇）或乙酸等物质转变为甲烷的特殊古菌类群，人们习惯将其称为产甲烷古菌。产甲烷古菌在分类上属于古菌中的广古菌门，是典型的严格厌氧菌，但对温度、盐度和酸碱度有广泛的耐受性。产甲烷古菌分布于寒冷的极地和海底热液喷口。产甲烷古菌与海底天然气水合物的形成密切相关，它们产生的甲烷在特定的低温和高压条件下，能够与水分子结合，形成类似冰状的结晶物质即天然气水合物（也被称为可燃冰）。正是由于产甲烷古菌的存在，海底成为全球最大的甲烷储库。可燃冰作为新能源的代表，具有极高的开采价值。

甲烷产生的温室效应在短期内是二氧化碳的 28 倍，因此那些产生于海底的甲烷的“命运”是人们关注的焦点。虽然偶有泄漏事件发生，但海

海洋沉积物中微生物介导的甲烷的产生和消耗（孙凯旋绘）

底深层沉积物中的甲烷往往在扩散到上层有氧环境前就已经消失。在这里，广古菌门中的厌氧甲烷氧化类群在防止甲烷的“逃逸”过程中发挥了重要作用。试想如果没有它们，大气温室效应强度可能要比现在高许多。

氨的氧化

硝酸盐是海洋浮游植物（海洋中的主要初级生产者）最重要的氮营养来源。而海洋中的硝酸盐主要由氨的氧化而来，古菌中的奇古菌门成员在此过程中起媒介作用。这些能够在有氧条件下氧化氨的古菌被称为氨氧化古菌，它们对低氨浓度具有更强的适应能力。

氨氧化古菌喜欢弱光或无光的深海环境，这种环境中的有机物含量一

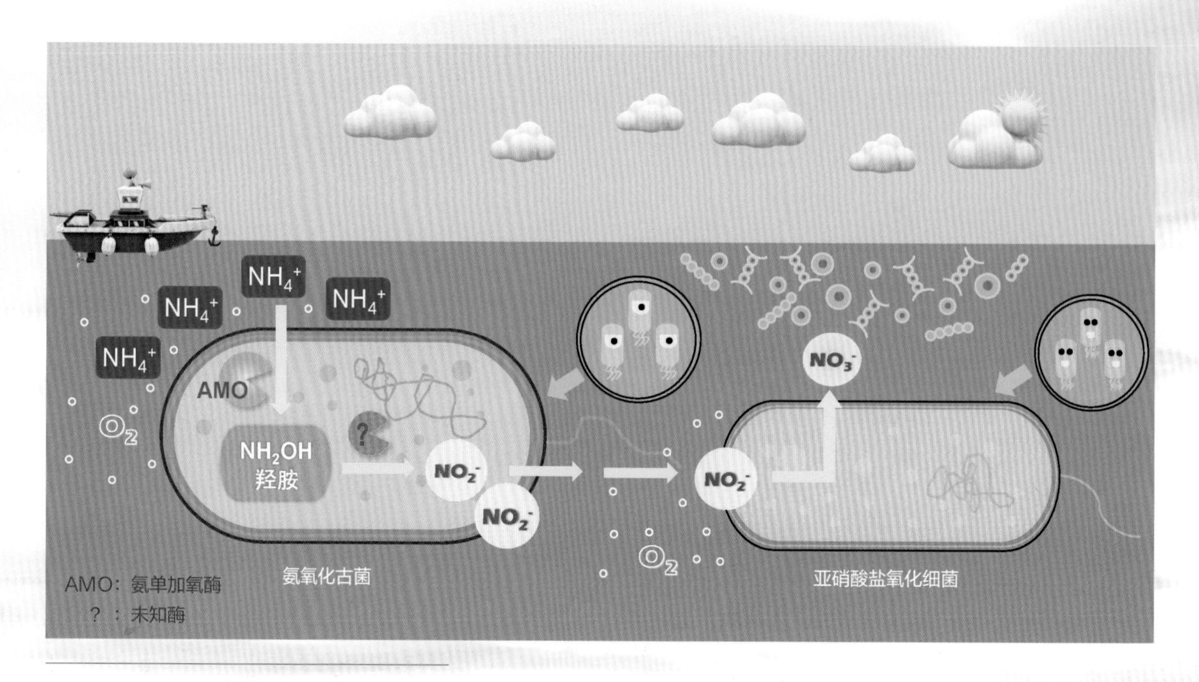

氨氧化古菌介导的氨氧化过程及其产物亚硝酸盐的后续氧化过程（李杨绘）

般较低。“适者生存”，在如此寡营养的环境中，氨氧化古菌衍化出特殊的“化能自养”模式，即利用氧化氨时所释放的能量将二氧化碳固定为有机碳。这些合成的有机质不仅可用于维持氨氧化古菌的生长代谢，而且是深海中异养型微生物的重要“食物”来源。不同于细菌丰度占优势的表层海洋，代谢活跃的氨氧化古菌在“恶劣的”深海环境中“如鱼得水”，占据一定优势。

奇特的嗜盐古菌

海水的平均盐度为 35，即每千克海水中含有 35 克无机盐。极端高盐环境中的微生物主要为喜好高盐条件的嗜盐菌，其中部分类群甚至可在饱和盐溶液中生长。嗜盐菌既包括细菌也包括古菌，但后者的盐度耐受性往往更高。极端嗜盐菌（生长最适盐度超过 175）多为古菌。高盐环境已经成为嗜盐古菌生长繁殖的必备条件。

小链接

一般来说，高盐环境可导致细胞内外渗透压的失衡，从而造成细胞失水。那嗜盐古菌是如何适应高盐环境的呢？研究表明，为了抵消胞外盐分（主要是钠离子）的高渗透压，嗜盐古菌可以利用一些特殊的具有运输功能的蛋白质，将钾离子转运到细胞内，使得钾离子在细胞内累积，形成较高的胞内渗透压，以平衡胞外的高盐渗透压。之所以不运输钠离子，是因为过多的钠离子对细胞有毒害作用。除此之外，一些小分子化合物，如氨基酸、甜菜碱和海藻糖，可提高细胞内水分子的活跃程度且不影响正常的生理代谢，被称为相容性物质。嗜盐古菌能够合成或摄取不同种类的相容性物质以应对高渗透压。

嗜盐古菌的细胞结构并非一成不变，在低氧、有光照下生长时，其细胞膜上会出现特殊的紫色斑块——紫膜。紫膜的一个重要特性是其上的一种叫作细菌视紫红质的色素蛋白（与视黄醛相连）可以吸收光能，并将光能转化为化学能。因此，紫膜可以作为一种优良的纳米光电生物材料，具有重要的应用价值。

偏爱高温的古菌

你知道吗？在人类难以踏足的高热环境中，生长着一群特殊的嗜热微生物。如其名——“嗜热”，超嗜热古菌生存的环境温度是 70℃ ~ 125℃。大名鼎鼎的坎氏甲烷火菌在 122℃高温时仍具有繁殖能力。海洋中的高温环境主要位于海洋热液喷口，其地热作用喷出的流体温度可高达 400℃。

最适生长温度超过 80℃的微生物一般被称为极端嗜热微生物，而绝大多数的极端嗜热微生物属于古菌中的泉古菌门。为了适应高热的环境，

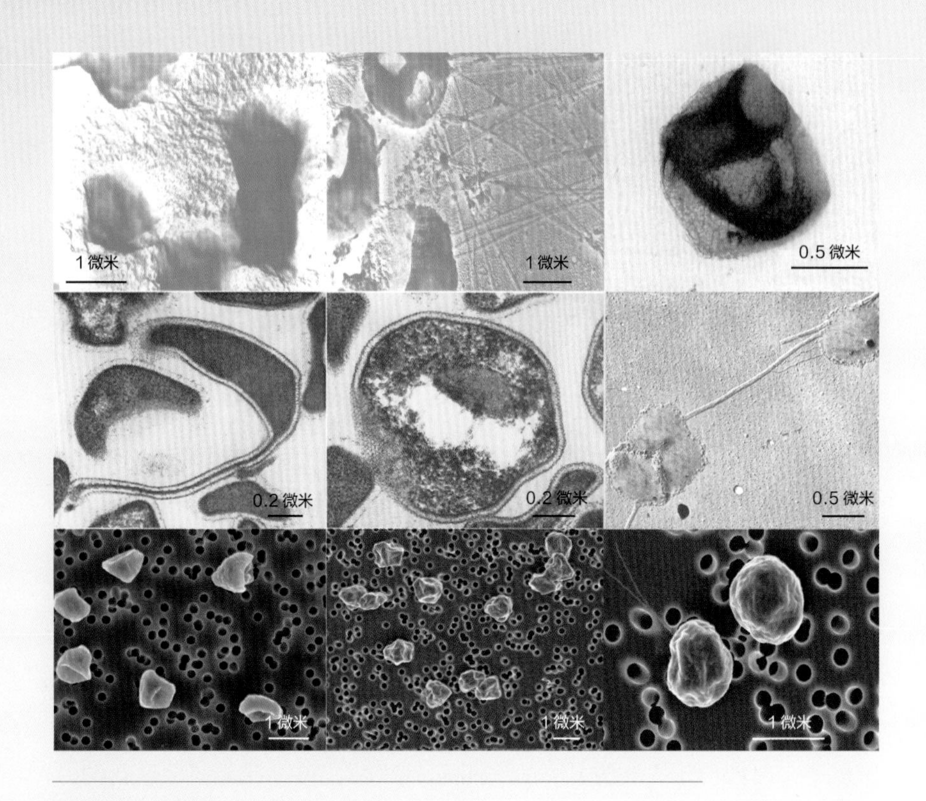

奇形怪状的嗜热古菌
（Stetter 等，1983；Pley 等，1991；Sako 等，1996；Tsuboi 等，2002；Sakai 等，2018）

这群微生物的细胞形态则呈现出不规则形状。它们产生的酶类也具有特殊的结构，从而避免在高温条件下失去活性，在医学和工业等方面具有重要的应用价值。

真核生物的“近亲”——阿斯加德古菌

生物演化研究是生命科学研究中的一个永恒命题。经典的“三域理论”认为细菌、古菌和真核生物是各自独立演化而来的，但也有观点认为真核生物可能并不是独立演化的，而是从古菌内部演化而来，即“二域理论”。

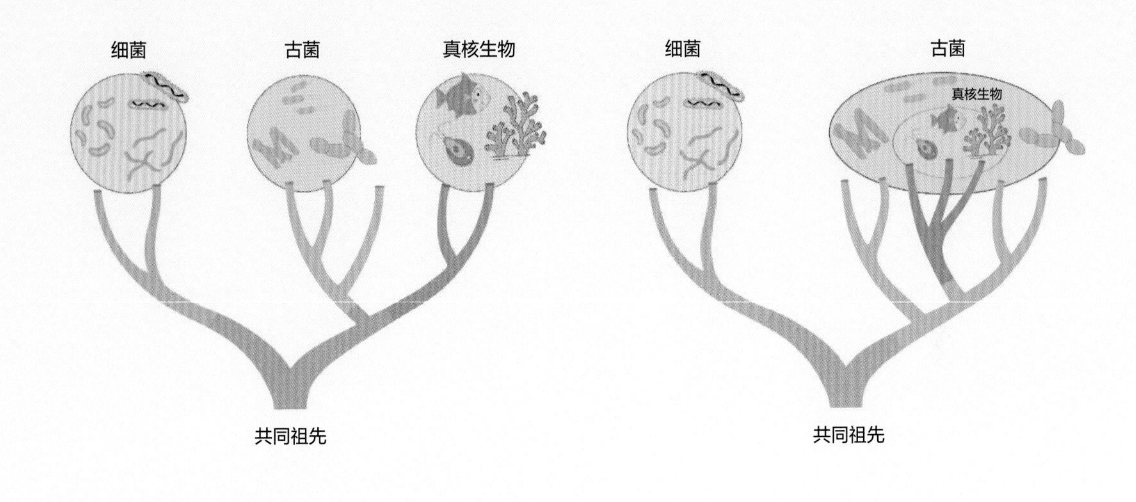

三域理论（左图）和二域理论（右图）示意图（王艺茗绘）

新物种的发现，对于生命演化的解读具有重要意义。2015 年，科学家从位于北大西洋的“洛基城堡”热液喷口沉积物中鉴定到了一个新型的古菌，命名为洛基古菌。通过对洛基古菌基因序列的进一步研究，科学家发现洛基古菌和真核生物具有非常近的亲缘关系，具有之前普遍被认为只属于真核生物的基因特征。在随后的研究中，科学家又发现了许多类似洛基古菌的类群，并将它们统称为阿斯加德古菌。阿斯加德古菌的发现为“二域理论”提供了新的证据支持，阿斯加德古菌和真核生物起源的研究也被列为 2019 年的世界十大科学进展之一 。即便如此，“三域”和“二域”理论的争议也没有停止过。

海洋真菌

无处不在的海洋真菌

一提到真菌，人们想到的往往是腐败的水果上生长的霉菌。实际上，“真菌王国”十分庞大，它包括了许多种类的真核微生物，小到发面用的酵母菌，大到人们常吃的蘑菇。真菌的足迹遍布地球的各个角落，土壤、空气、河流和海洋中都生活着各种各样的真菌，甚至在许多动植物和人类身体上也发现真菌的存在。

在过去的传统认知中，陆地是真菌的“生命绿洲”，而海洋是荒芜的“真菌沙漠”。然而随着多年的研究，人们发现，近到沙滩，远到深海沉积物，海洋中到处都能找到真菌的踪影。深海中的真菌具有强大的适应海洋高压、低温环境的能力。此外，海水中氧气的浓度和水温也会影响海洋真菌的分布与生长。大多数海洋真菌可以独立自由地生活，也有少数种类需要依赖“别人”营寄生生活。

海洋真菌的形态与大小

海洋真菌在显微镜下大多呈单条丝状或聚集在一起的丝状体，偶有一些特例以球形或卵形的单个细胞形态存在，如海洋酵母菌。单条丝状的海洋真菌直径为 1 ~ 3 微米，长 10 ~ 200 微米。聚集在一起的丝状海洋真菌直径大大增加，可达 20 微米，长一般会超过 50 微米。海洋酵母菌的直径一般为 3 ~ 4 微米。因此，如果我们要观察海洋真菌，仍需要借助显微镜。

真菌菌落及其细胞形态：马里亚纳海沟沉积物中分离获得的海洋真菌
（Peng 等，2019）

海洋真菌大家族

海洋真菌根据不同的栖息特性可划分为以下几种类型。

木生真菌是指生长在木质基质上的真菌，是海洋真菌王国中数量最多、分布最广的真菌。由于它们具有强大的木材和其他纤维物质分解能力，常常是港湾设施中的木质结构的“天敌”。已知的木生真菌主要包括子囊菌类、半知菌类和担子菌类。

海藻真菌是指栖息在海藻上的真菌，主要是栖息在红藻和绿藻上。一些海洋真菌与特定海藻结合形成海洋地衣，它们“双剑合璧”，可以在海洋多种恶劣环境中顽强生长。在干湿交替的潮间带、极寒的极地区域，海洋地衣分布广泛。

红树林真菌主要是指栖息在热带、亚热带红树林的海洋真菌，大多靠分解红树结构的腐生生活方式生存。浸在海水中的红树树干、枝条或根部表皮一旦被动物、风浪或人为损伤，便会被红树林真菌感染。

海草真菌常栖居于海草的叶部和根部。海草根中含有单宁酸和其他抑制生物生长的物质，只有那些能够抵抗这些物质的海洋真菌才能在海草根上生长。

寄生动物体真菌常常寄生于动物的外骨骼等处。它们在分解动物体中的纤维素、甲壳素和蛋白质等过程中起重要作用。低等海洋真菌是造成海洋鱼类和无脊椎动物病害的重要致病菌。

同细菌类似，海洋真菌也可以通过不同培养基进行分离纯化。最早关于海洋真菌的培养记录囊括了 209 种高等丝状真菌、近百种低等海洋真菌及 177 种海洋酵母菌。目前关于海洋真菌的培养种类大大增加，截至 2022 年 5 月 1 日，已经有超过 1 900 种海洋真菌被培养出来。然而，这仅仅是“冰山之角”，与估计的约 100 000 种海洋真菌总数目还相差甚远。

海绵上分离的海洋真菌菌落具有多种形态
（Amend 等，2019）

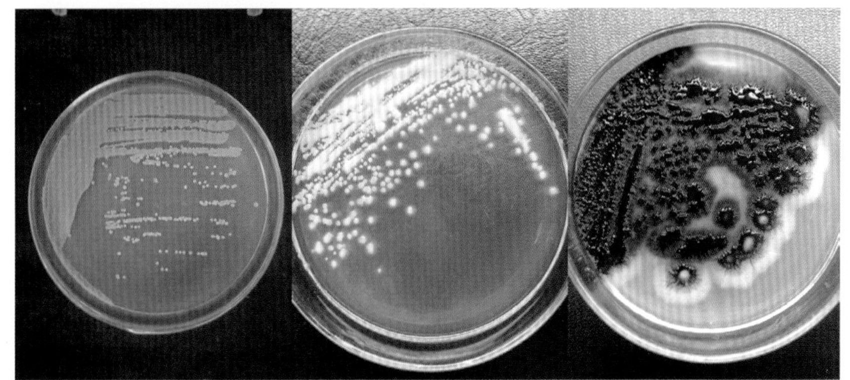

平板划线法分离培养的海洋酵母菌（刘光磊提供）

小链接

培养基

培养基是供微生物、植物和动物细胞或组织生长和维持用的人工配制的养料，一般都含有水、碳源、氮源、无机盐（包括微量元素）、生长因子（维生素、氨基酸、碱基、色素、激素和血清等）等。培养基既是提供细胞营养和促使细胞增殖的基础物质，也是细胞生长和繁殖的生存环境。

举足轻重的海洋真菌

海洋真菌与食物网

海洋真菌在海洋食物网中发挥着重要的作用，它参与海洋有机物的分解和无机营养物的再生过程，为海洋生物提供营养物质。特别是海洋沉积物中的丝状真菌和酵母菌可作为海洋底栖动物等的饵料。

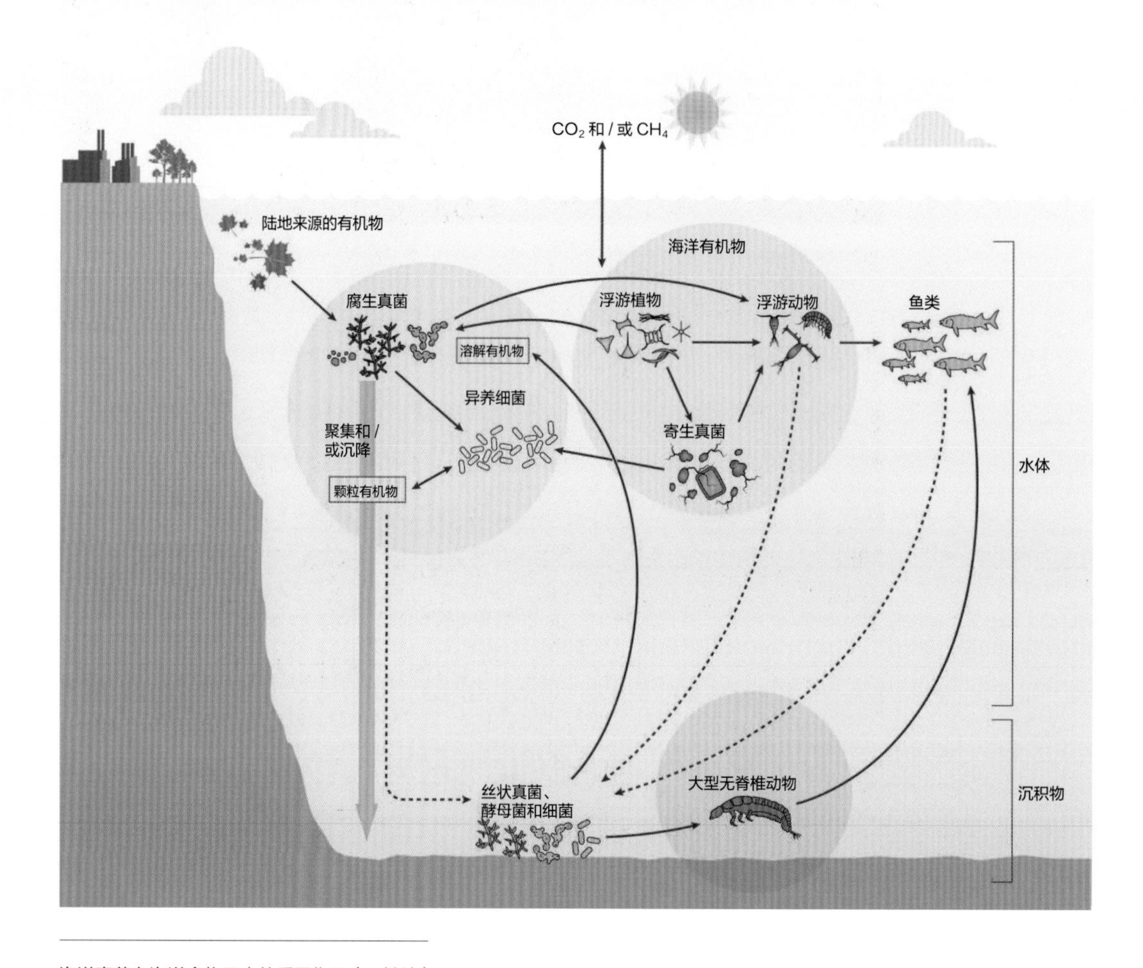

海洋真菌在海洋食物网中的重要作用（于敏绘）

海洋真菌对石油的降解

随着海上石油开采业和运输业的发展，石油泄漏事故不断，石油污染是当前全球面临的海洋环境问题。由于生物降解法具有独特的优越性，利用海洋微生物降解烃类物质的能力来消除海上的石油污染已备受人们的青睐。科学家发现，附着在腐烂海藻等上的许多海洋酵母菌能够降解和同化多种烃类物质，在防治海洋石油污染方面是一把好手。

海洋真菌应对重金属污染

海洋重金属污染主要指汞、镉、铬、铅、砷、钴、铜、锌等重金属离子经各种途径进入海洋而造成的污染，它们对海洋生物有较强的致毒效应。许多微生物尤其是真菌可以与重金属离子结合形成沉淀，产生有机酸，或与重金属离子结合形成螯合物，或是通过吸收重金属离子合成硫蛋白等复合物，从而减少或消除海洋中的重金属污染。海洋真菌中的酵母菌、青霉素菌、镰刀霉菌、曲霉菌等对很多重金属都有解毒效果。例如，酿酒酵母菌能够吸收铜、钴、铀、银离子等，可以直接降低这些重金属离子在海洋环境中的浓度。

海洋真菌应对有机物污染

海洋有机物污染是指进入河口近海的生活污水、工业废水、农牧业排水和地面径流污水中过量有机物质和营养盐造成的污染。与石油、重金属等污染物不同，有机污染物不会在生物体内积累。在众多有机物中，硝基苯的毒性非常高，许多国家都把它列为优先控制污染物。降解硝基苯的微生物有细菌、真菌等。白腐真菌对硝基苯等芳香族化合物有较强的降解能力，其降解产物主要是二氧化碳等，不会引起二次污染，可以促进海洋的自净，在生态保护等方面有重要意义。

海洋真菌降解塑料

全球每年有超过 800 万吨的塑料垃圾流进海洋，塑料垃圾分解形成微塑料进入食物链，如何应对这个问题逐渐演变成一个全球性的生态难题。科学家在青岛近海的塑料垃圾样品中分离获得一株能够“以塑料为食”的海洋真菌，对聚乙烯塑料和生物可降解塑料等都有明显的降解效果。这种海洋真菌为我们解决全球性的塑料垃圾难题提供了很好的候选材料。

海洋真菌与新型药物

自人类发现青霉素并将其应用于临床治疗以来，真菌中提取的抗生素就引起了科学家的关注。海洋环境复杂，在高压、低温、低营养、黑暗的深海，甚至局部高温、高盐等极端环境里孕育了特殊微生物类群。在这些极端环境中，海洋真菌经过千百年的演化已经发展出独特的适应机制，必然具有陆生真菌所没有的独特代谢途径，在新型抗生素的开发方面具有非常大的应用潜力。

目前，人们已经从海洋真菌中发现了具有抗菌、抗癌等活性的化合物，但距离临床应用还需要更多的研究和实践。在海洋真菌中发现的头孢菌素 C 是目前应用最为成功的例子。与青霉素的意外发现不同，头孢菌素 C 的发现可以称为意料之中。第二次世界大战之后，意大利许多城市笼罩在伤寒流行的阴霾之下。与此同时，意大利科学家朱塞佩·布罗楚意外地发现意大利卡利亚里的人们不仅在有污水流入的河流中游泳还生食其中的鱼，却很少有生病的。随后，他对此进行了深入研究，在撒丁岛海岸的排污口处分离获得了一株海洋真菌枝顶孢（原命名为顶头孢霉），并初步提取了它的代谢产物。他惊喜地发现这种海洋真菌的代谢产物能够抑制金黄色葡萄球菌（一种常见的食源性致病性微生物）的生长。

历经多年的研究，科学家终于在 1961 年确定了枝顶孢产生的这种抑菌

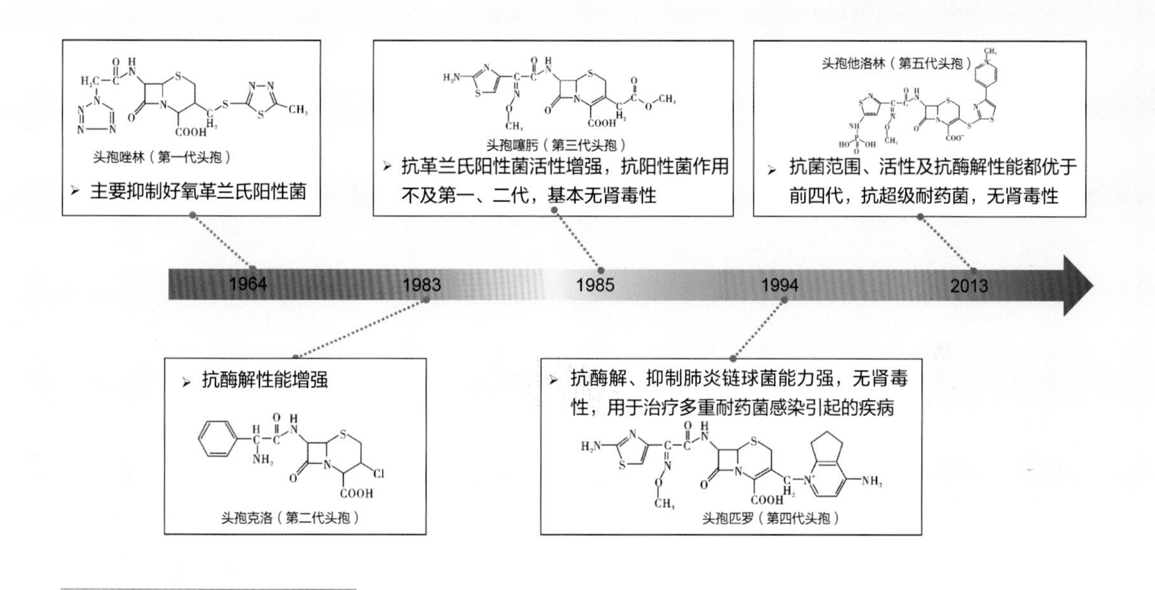

头孢菌素类药物的发展历程（于敏绘）

物质的分子结构，并将其命名为头孢菌素 C。这是一种与青霉素结构不同的化合物，它能够通过影响细菌细胞壁的形成发挥抗菌作用。然而，真菌合成的天然头孢菌素的抑菌效果不足以作为抗生素加以应用，因此科学家开始了对头孢菌素 C 的“改头换面”。在头孢菌素 C 发现以来的 60 多年里，已经形成了五代头孢类的抗生素，其抗菌活性、疗效等方面都得到了大大提升，同时毒副作用大大减弱，为人类治疗细菌性疾病做出了重要贡献。

随着新技术和新方法的应用，科学家在海洋真菌中发现了越来越多的生物活性物质。这些生物活性物质为改善人类健康带来了福祉。

海洋病毒

海洋病毒的发现：海洋是一锅“病毒汤”

现在请想象两个画面：病毒和海滩。

提起病毒来，也许我们的脑海当中会浮现那些多面体。它们有着水雷一样的突触和尖爪，仿佛下一秒钟就要感染某个东西。有些是黄色，又有一些是那令人厌恶的绿色，长着一副令人生畏的样子。而提起海滩来，我们能想象到的是什么呢？和煦的风和清澈的海水，细细柔柔的沙子从脚趾缝穿过……然而你想象不到的是，海洋其实是一锅“病毒汤”。

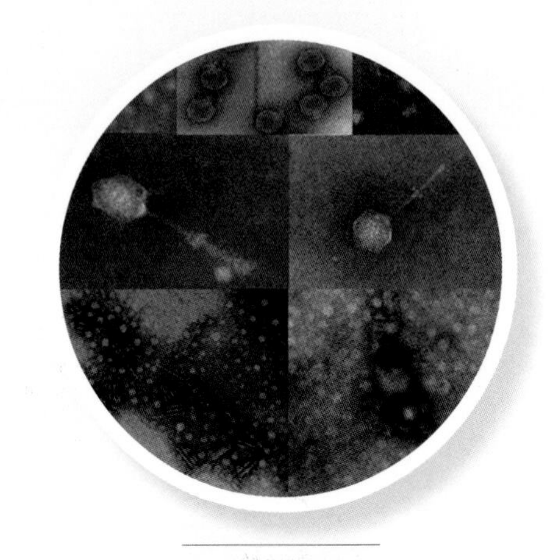
显微镜下的海洋病毒

人们对于病毒认识得很晚，虽然在宋朝时中国人已经有用牛痘来预防天花病毒感染的做法，但在那个微生

物还没被人全面认识的时代，病毒仍然处于一团迷雾之下。19 世纪，人类对于微生物的认识进入了科学认知发展的黄金时代。彼时，巴斯德已经开始系统研究让葡萄酒变酸、让产妇生病的细菌。但那时候让烟草叶片枯萎、起皱，进而导致烟草减产的烟草花叶病仍让人们束手无策。

患烟草花叶病的叶片

伊万诺夫斯基

贝杰林克

患病的烟草叶片会变得颜色深浅不一，烟草花叶病引起了俄国科学家伊万诺夫斯基的注意。1892 年，他将患病的烟草植株捣碎并浸泡在水中，使用过滤细菌的装置对汁液进行过滤。伊万诺夫斯基惊奇地发现过滤后的汁液依旧具有感染的能力。当时的伊万诺夫斯基认为细菌是罪魁祸首，哪怕不是细菌直接感染也是其分泌的毒素导致的。

直到 7 年后，荷兰科学家贝杰林克重复了伊万诺夫斯基的实验，并将过滤后的植物汁液涂抹在琼脂平板上来观察可能存在的“微小病原体”。贝杰林克发现这类病原体具有与细菌不同的生长行为，竟然能钻进琼脂平板内部生长。然而，彼时的人们仍不具备足够先进的手段去观察这种微小的病原体，贝杰林克也认为这是一种“毒液”并以“病毒（virus）”来命名这种小小的病原体。“病毒”一词来源于拉丁文 vīrus，意指“毒药和其他毒液”。尽管病毒理论受到科学界的口诛笔伐，但病毒学研究的序幕至此已正式拉开。

自从病毒进入了人类的认知，我们就有了一个新的视角来观察疾病的成因了。20 世纪 40 年代，美国科学家斯坦利提出了较为明确的病毒学定义：这是一种与细菌迥异，体形微小且没有细胞结构的病原体，它具有传染性，需要“劫持”其他生命体（活细胞）以自我复制的方式进行增殖，才能完成生命活动。

随着科学的发展，人们研究出了先进的病毒纯化技术，并认识了病毒的结构（通常是一些看起来很怪异的多面体）。随着沃森和克里克关于遗传物质本质的爆炸性发现，多种多样的病毒被人们发现、命名、研究。人们此时的目光依旧放在与人类疾病或者农作物疾病息息相关的病毒身上。

杰德 · 福尔曼

一直到了 20 世纪 80 年代末，我们这个蓝色星球才被一些人认为可能是“病毒星球”。彼时，纽约州立大学石溪分校的年轻研究生杰德 · 福尔曼决定弄些海水来进行研究，因为他在进行海洋细菌研究的时候，发现了一件难以自圆其说的事情。

海水中存在着大量的细菌，而且细菌是对数繁殖模式，依照模型计算，海洋应该早就变成固体了。为什么没有发生这种情况呢？福尔曼推测，海洋中可能存在着一些因素来控制着细菌的数量。

最初，他猜想可能是海洋中的一种单细胞原生生物通过捕食细菌而控制着细菌的生长。然而不论福尔曼如何严密地计算细菌与这种原生生物的生长速率，两者都存在着明显的差异。他坚信自己的研究没有错误，所以这个理论不足以解释为什么海洋中存在着恒定数量的细菌——总是那么多，又没有暴发性的增长。

那么究竟是什么原因呢？此时一种新的研究手段出现在福尔曼的视野中——高分辨率荧光显微镜。这种显微镜可以通过激发生物荧光使人们观察到细微的生物结构，在激发荧光之下，细菌和其他生物将会在黑暗的背景下变成微小的发光点。福尔曼在观察海洋细菌的时候发现整个视野有着明显的像雾霾一样的背景荧光。要么是福尔曼患了白内障，要么这些可能是“病毒粒子云”。

然而，这些海洋细菌周边的“雾霾”是病毒吗？当时人们已经知晓了病毒可以感染并且杀死细菌。如果是的话，那么福尔曼关于海洋细菌数量的疑问便可以被解答了。

但是当时的主流观点并不认为海洋中存在着如此密集的病毒。他们认为病毒具有高度特异性，仅感染特定类型的细菌。病毒也很脆弱——只不过是装有 DNA（脱氧核糖核酸）或 RNA（核糖核酸）的蛋白质壳子——它们很可能会被紫外线或者其他因素杀死，而且找到合适宿主并不是一件容易的事情，所以根本不可能有那么多感染海洋细菌的病毒。

用 SYBR Green I 染色的原核生物和病毒的荧光显微照片。最小的点是病毒，较大的点是细菌或古菌。细菌的直径约为 0.5 微米。

实践是检验真理的唯一标准，福尔曼决定做一些实验。他与研究生，实验技术专家丽塔·普劳科特合作进行实验。福尔曼给普劳科特提出了一个听起来很简单的问题：找出海水样本中细菌感染病毒的百分比。

经过复杂的实验，福尔曼和普劳科特完成了这项工作。他们采集了40升的海水样本，对其进行过滤以分离细菌。他们再将这些细菌固定在一块塑料中，将这种塑化样品制成薄片，然后在电子显微镜下观察。目标是寻找受到病毒感染的细菌并进行统计。

烦琐的统计工作过后，他们发现，在任何时间，海洋细菌都有着大约50%的总体感染率。这足以解释为什么海洋细菌没有疯长。

计算结果大大超出了之前人们的估计。其他科学家也开展了类似的研究来进行验证，也得到了相似的数据。研究估计，每毫升的表层海水中竟含有约1 000万个病毒颗粒。病毒是调控海洋中细菌生长的重要因素就这样被证实了。

加拿大的柯蒂斯·萨特尔教授估算海洋中大约存在着10^{31}个病毒颗粒。这个数字实在太大了，大到根本找不到一个例子来类比。在海洋中，病毒的数量是其他所有海洋居民总质量的15倍，而它们的总质量则相当于7 500万头蓝鲸。如果把海洋中所有病毒挨个儿排成一排，会排到4 200万光年之外。

看到这些数字先别皱眉头，或者感到恐慌："我再也不敢游泳了。"其实，海洋病毒中只有极小部分会感染人类，也有的会感染藻类、鱼类和其他海洋动物，但海洋病毒最常见的感染目标是细菌和其他单细胞微生物。而我们通常所说的海洋病毒，便是指这些细菌杀手和藻类杀手，它们也是对海洋生态环境做出最大贡献的类群之一。

如何研究海洋病毒

随着科学技术的日新月异，研究海洋病毒的方法已经多种多样且与日俱增，不过仍有一些经典的方法在世界各国的病毒学研究实验室流行。

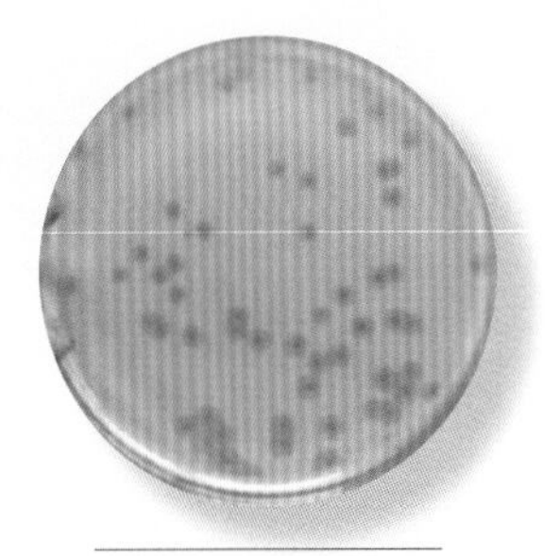

利用空斑法获得的病毒
（Andrew M.Kropinski，2012）

空斑法

空斑法是计算病毒数量的重要方法。具有感染力的病毒可以在宿主的细胞层上形成一个透明的裂解圈或生长抑制圈(即空斑)，通过计数空斑即可测定病毒的数量。如天然水样中大肠杆菌病毒的丰度和分布情况可以通过空斑法获得。

最大可能数法(MPN)

MPN 法最早是用于对噬藻体(蓝藻病毒)进行计数的。首先将病毒溶液进行稀释，而后使用病毒溶液感染宿主（比如菌液或者藻液），由于不同初始数量的病毒感染会对宿主生长有着不同的影响，科学家可以通过检测宿主的生长情况来判断病毒感染情况，以此估算病毒的数量。

以上这些方法都比较原始了，现在我们都是通过宿主的生长情况来间接观察病毒的生长情况。那么，有没有一些方法能让我们直观地观察病毒呢?

当然可以用显微镜来观察病毒啦。但是我们面临一个瓶颈，光学显微镜的分辨率极限在 0.2 微米左右，普通的细菌直径通常大于 0.22 微米，恰好可以用光学显微镜观察。但对于直径远远小于 0.2 微米的病毒来说，光学显微镜可谓黔驴技穷。

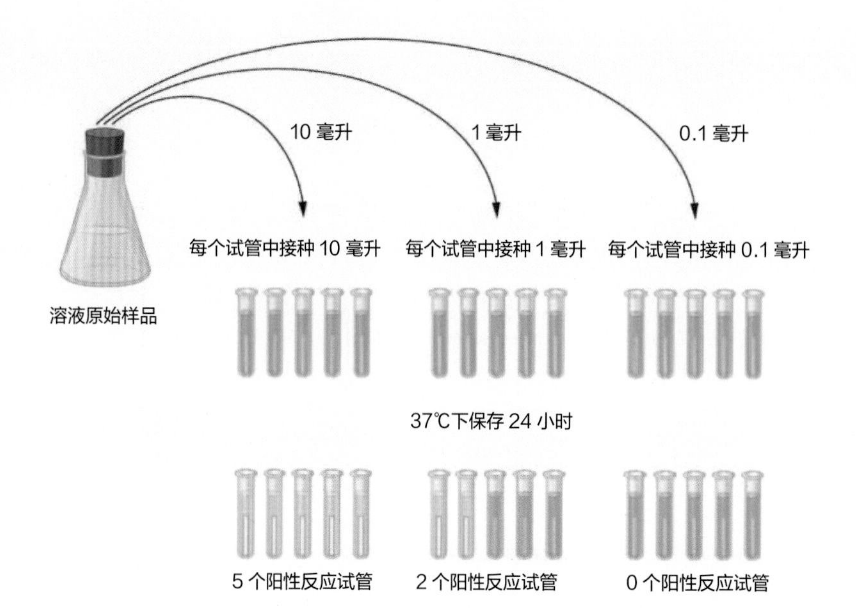

MPN 法实验
（Nisha RijalI，2022）

不过聪明的物理学家和化学家发明了另外一种显微镜，即透射电子显微镜。透射电子显微镜的分辨力可达 0.2 纳米。这么一来，再小的病毒也难逃透射电子显微镜的“法眼”。有了透射电子显微镜我们不光可以数清楚水中有多少病毒，也可以观察这种病毒具有什么样的结构。

不过透射电子显微镜也是有缺点的：不仅观察耗时费力，而且样品的制备复杂。如果样品制备效果不好，会造成一定的观察误差。另外，对于操作者的专业水平也是有较高要求的。利用荧光染色显微镜观察进行病毒计数的手段应运而生。

除了以上方法外，有没有一种方法能把病毒的数量搞清楚呢？这种方法就是利用流式细胞仪进行分析。

它的原理很简单：水样中病毒粒子通过核酸染料染色，流式细胞仪可以通过病毒粒子所携带的荧光物质被激发出的荧光信号将病毒计数、分类。这个仪器对于海洋病毒的研究者来说太妙了，它的个头不大，可以直

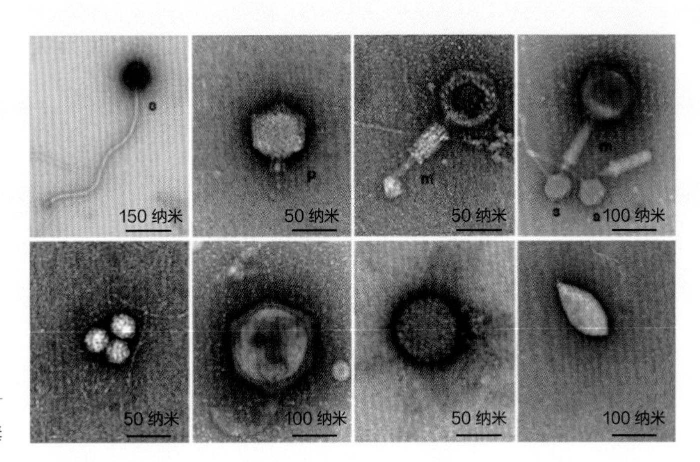

透射电子显微镜下的病毒

接放在科考船上使用。这样研究者就可以直接在船上进行病毒的现场分析。

有人说了，我们生活中检测病毒最常用的方法就是分析“核酸”，做研究会用“核酸”来进行病毒学的研究吗？

研究者当然会用“核酸”来检测病毒。病毒携带着核酸作为遗传物质。与细菌不同，病毒不光可以把 DNA 当作遗传物质，还可以把 RNA 作为遗传物质。每一种生物的核酸序列都是独一无二的，研究者可以通过这种方法对病毒进行遗传物质鉴定。他们通常会先将病毒培养分离提纯，再提取 DNA 或 RNA，然后用测序仪器测定遗传物质序列。随着科学探究的拓展，积累的病毒遗传物质序列越来越多，科学家可将病毒遗传序列与数据库里的序列进行对比。通过这种方法，不仅可以鉴定是什么病毒，还可以通过对比已有资料来推测病毒的基因有哪些功能。通过这些研究，科学家已经发现了病毒的一些不得了的功能，比如不仅能够感染宿主，还可以改造宿主。

海洋病毒的庐山真面目

病毒主要由核酸（DNA 或 RNA），及包在外部的衣壳（保护遗传物质的蛋白质外壳）构成。病毒的结构可谓千奇百怪，一些是简单的螺旋，一些是复杂的二十面体形式，还有其他的一些稀奇古怪、难以描述的复杂结构。这些结构能够帮助病毒更好地保护自己脆弱的遗传物质，甚至提高感染宿主的侵染性。

这么多先进的研究手段，使我们能清晰地认识海洋中到底有哪些病毒。根据感染对象，海洋病毒一般可以分为细菌病菌（噬菌体）、藻类病毒（噬藻体）、无脊椎动物病毒、脊椎动物病毒、陆源生物病毒等种类。以噬菌体为例，根据它们的形态可以分为长尾噬菌体、短尾噬菌体、无尾噬菌体、丝状噬菌体、多形性噬菌体等。目前所发现的绝大多数海洋噬菌体都是有尾噬菌体。这些噬菌体的头部结构包括蛋白质衣壳和与之紧密相连的核酸，有尾噬菌体的尾部一般由尾管、尾板和尾丝 3 个部分组成。这些结构不是一成不变的，病毒的演化速度是极快的，其中尾丝是演化最快的部分。

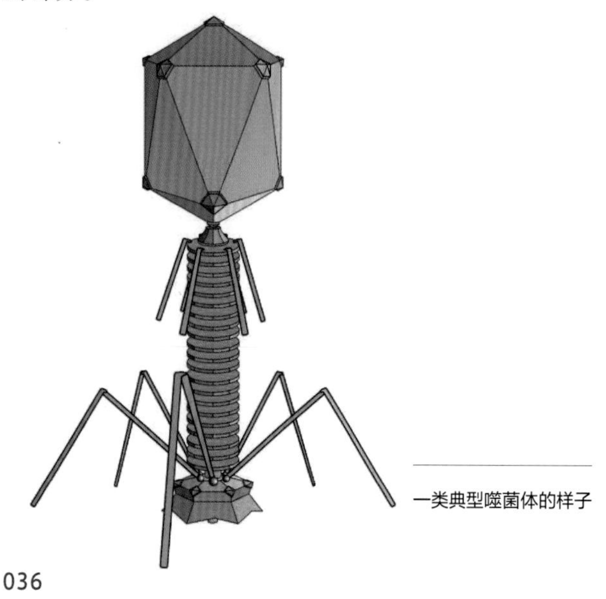

一类典型噬菌体的样子

小链接

噬菌体与噬藻体

你知道吗？其实人类早在1917年，就发现了感染细菌的病毒。我们把这些病毒称为噬菌体。同理，感染藻类的病毒亦可称为噬藻体。当时加拿大裔医生费利克斯·德雷勒从法国士兵体内第一次发现噬菌体的踪影。许多科学家都拒绝相信这种东西的存在。而在今天看来，德雷勒是毋庸置疑地发现了地球上最丰富的生命形式。

除了感染细菌的噬菌体，海洋中也存在着感染其他生物的病毒。比如感染古菌的古菌病毒，感染真菌的真菌病毒，感染藻类和原生动物的病毒，感染海星、扇贝和鱼类的病毒，以及感染哺乳动物的钙病毒、疱疹病毒、腺病毒和细小病毒。当然，除了这些小家伙，还有一种海洋病毒中的异类，就是巨型海洋病毒。

大多数病毒的长度从20纳米到300纳米不等，而巨型海洋病毒的个头能达到1 000纳米，比细菌还大。这些巨型海洋病毒有着超乎其他病毒的基因组，它们通常是双链DNA结构的病毒，编码超过1 000个基因，要知道，一般的病毒才携带一二十个基因！许多巨型海洋病毒的基因组编码了其他病毒中没有发现的特殊基因。

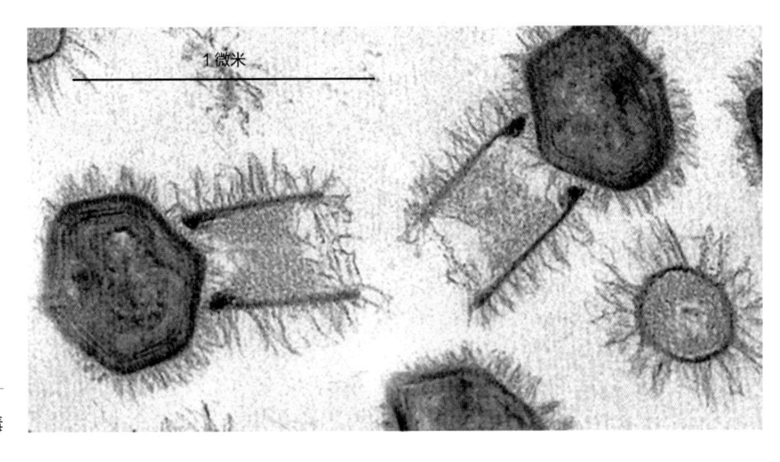

巨型海洋病毒

海洋病毒与海鲜

1984 年，挪威的大西洋鲑孵化场发现了传染性鲑鱼贫血症，进而导致近 80% 的鱼类死亡。传染性鲑鱼贫血症是一种高致死病毒性疾病，可造成鲑鱼严重贫血。可能有人会产生疑问：贫血是血液中的红细胞减少，但是红细胞没有完整的细胞结构，这种神奇的病毒如何感染鱼类？不同于人类的成熟红细胞，鱼类的成熟红细胞中含有 DNA，因此可以被病毒感染。时至今日，防治这种病毒仍是鲑鱼养殖业的倒悬之急。

对虾白斑综合征病毒是对全球养殖对虾危害最大的病毒，会感染包括斑节对虾、日本对虾、中国对虾、凡纳滨对虾等在内的经济养殖虾种，对虾体的造血组织、结缔组织、肠的上皮细胞、血细胞、鳃组织等进行感染破坏。一旦感染，常会让一池子活蹦乱跳的大虾全部病死。这种病毒曾对我国的虾类养殖行业造成了不可估量的损失。好在人们加强了对于这种病毒的防治，起到了一定的效果。

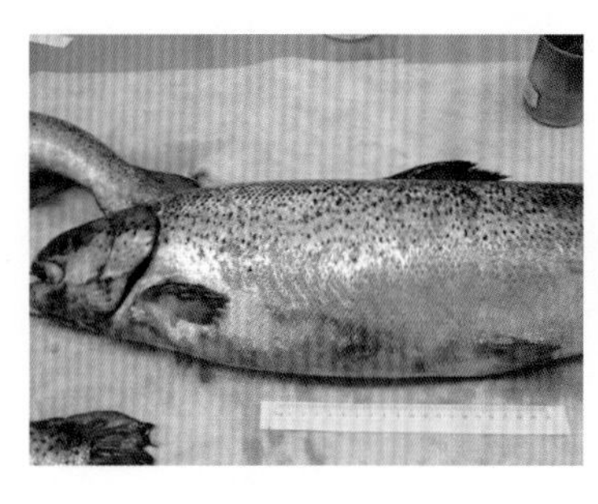

感染病毒的鲑鱼

对虾白斑综合征患病虾

海洋病毒在哪里?

不管是江河入海口、近海、远海，还是有着极大压力的万米海底，都有着病毒的身影。海洋病毒起着调节浮游动植物种群、维持着多种生物和谐共存的稳定作用，对海洋生物地球化学循环、气体交换以及海洋食物网结构调节做出了贡献。

海洋病毒的“潜移默化”

海洋病毒的惊人之处不仅在于它们的数量，还在于它们的遗传多样性。病毒对海洋生物的每次感染都有可能将新的遗传信息引入生物体或子代病毒，从而推动宿主和病毒组合的演化。

海洋病毒的基因与人的基因大相径庭。科学家调查了 180 万个病毒基因，发现其中只有 10% 的基因能与微生物 (包括病毒)、动物或植物的基因相对应，其余 90% 的基因都是全然陌生的未知序列。随意从海里采集 200 升海水，科学家就可以在其中找到 5 000 种完全没有亲缘关系的病毒。庞大的病毒家族背后正是海洋病毒与宿主“军事竞赛”式的演化比赛。为此病毒一直都在不停演化新性状的道路上，以应对宿主的强大防线。

温和噬菌体在感染宿主后会完美地融合在宿主的 DNA 中。当宿主进行 DNA 复制时也会相应地复制病毒的 DNA。只要温和噬菌体的 DNA 在复制过程中能保持完整，它就保留了重获自由的机会——随宿主 DNA 的复制而复制，随细菌分裂而分配至子代细菌的染色体中。待到时势艰难之时，噬菌体能再次脱离宿主而出。但是经过足够多的世代，温和噬菌体的基因组里总会出现一些突变，这些突变可能让它们失去逃脱的能力，以基因序列的形式成为宿主基因组永恒的一部分。

而有些能够及时逃脱的病毒则不会那么幸运，它们可能会走得太急，在产生新的病毒的时候意外加入一部分宿主的基因。这些新病毒就成了这些基因的载体，当这些病毒能够感染新的宿主，将基因插入新的宿主基因组时，旧宿主给它们的这段基因也就插入了新宿主的基因组。一项研究显示，海洋病毒每年都会在不同的宿主之间传递大约 10^{24} 个基因。

小链接

全新基因来自病毒?

有时候，基因交换帮助新的宿主获得了全新的基因，会让它们更能够适应环境，或者获得新的技能。比如海洋聚球藻，这是一种在海洋中含量极高的蓝细菌，它可以进行光合作用生成氧气。而科学家通过深入研究它的光合基因，发现这种基因正是来自病毒。何以证明呢？科学家在海洋中同样发现了携带着这种基因的病毒，通过序列比对发现是病毒将光合基因“送给”了聚球藻。粗略估算，地球上 10% 的光合作用都得益于这种病毒介导的基因。这样的基因交换对地球上所有的生命都产生了深刻的影响。虽然病毒不会留下化石踪迹，但是在现存物种的基因当中它留下了印记。

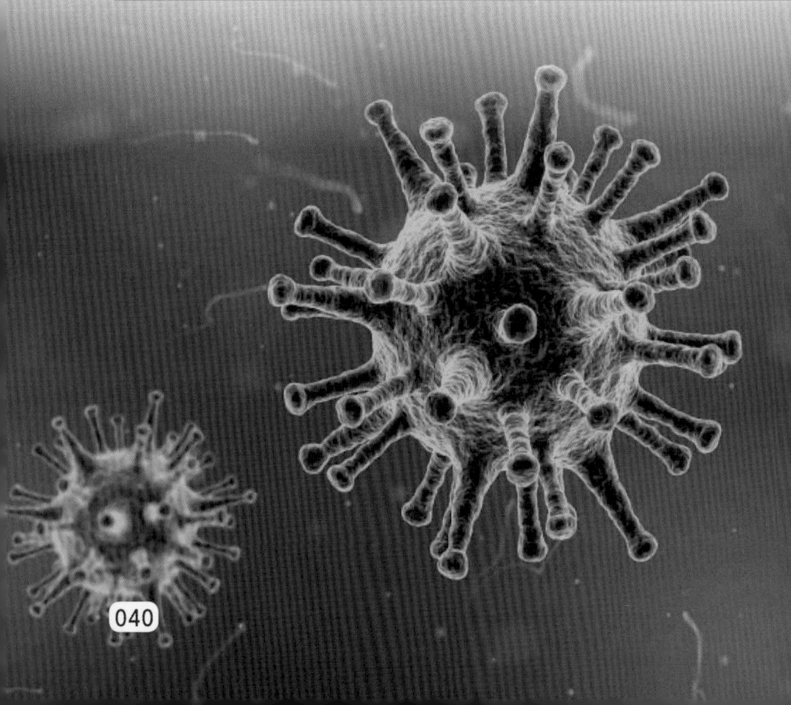

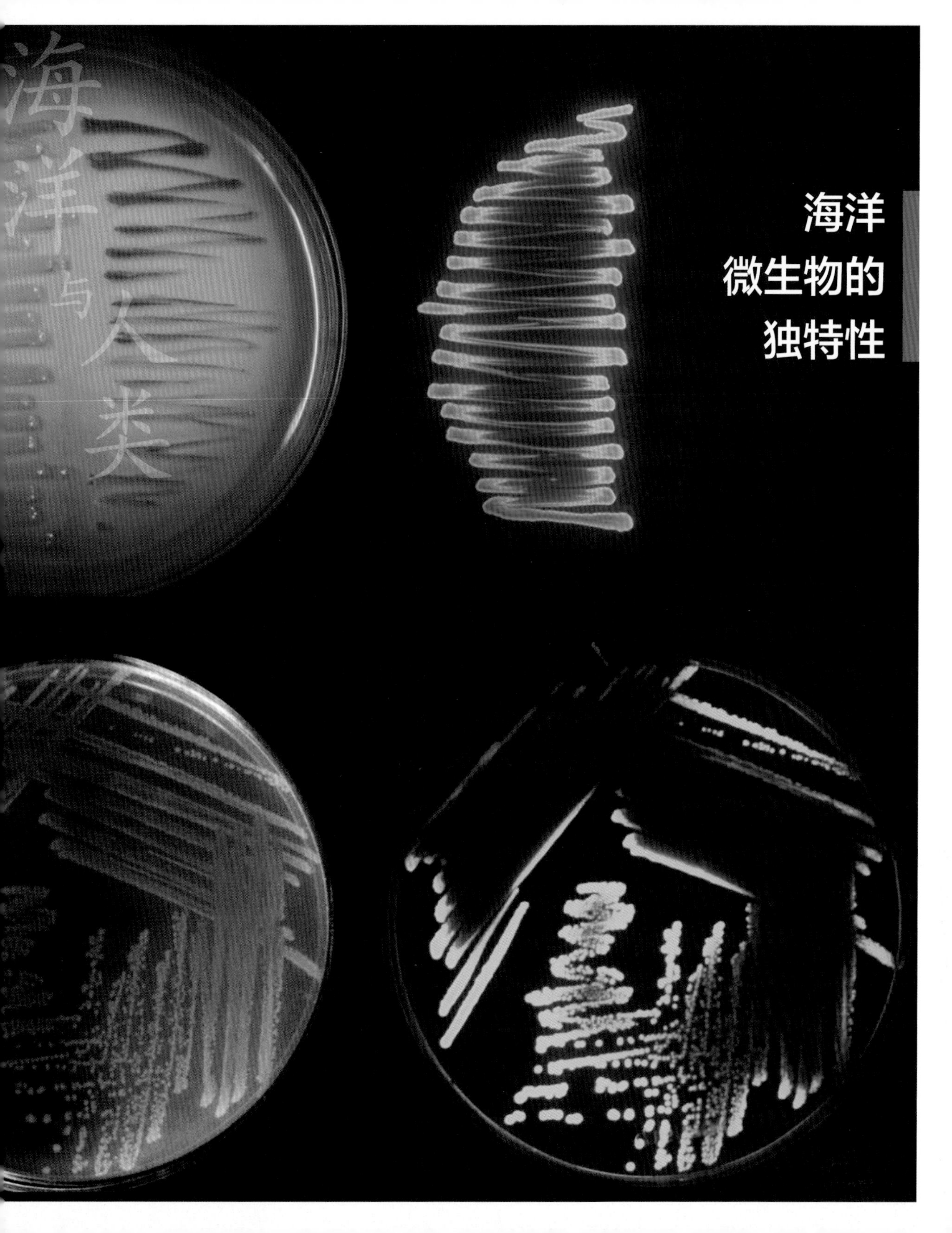

海洋微生物的独特性

嗜盐性

海水的含盐量非常高，让陆地上的许多生物无法生存。而海洋微生物却能适应，甚至喜好从常规海水盐度到饱和盐度的环境，这是因为它们普遍具有嗜盐性。

人们已经从多种高盐环境（比如晒盐场、沿海和海底的天然卤水和深层盐矿等）中分离获得了各种各样的嗜盐微生物。常见的嗜盐微生物主要存在于晒盐场中，如盐古杆菌属（古菌）、盐场杆菌属（细菌）和杜氏藻属。此外，我们日常生活中经常食用的腌制品也是它们的理想家园，比如腌肉、腌鱼。

嗜盐微生物是如何在极端环境下生长繁殖的呢？

通常来说，极高的盐浓度会使细胞失水，破坏细胞的正常生理

嗜盐微生物灰黄青霉

活动，进而使细胞失去生命。嗜盐微生物可不以为然，它们自有应对的策略。嗜盐古菌采取了“盐入”的策略——在细胞中积累高浓度的钾离子。相比之下，大多数嗜盐细菌和真核生物则利用了“盐脱除”的方法，排除盐分并合成或积累相溶性溶质，如细菌的甜菜碱和其他两性离子化合物、真核生物的甘油和其他多元醇。细胞内外的渗透压得到了平衡，它们就有了安全保障。另外，酶是动植物及微生物细胞分泌的具有催化能力的蛋白质，生物体的化学变化几乎都在酶的催化作用下进行。嗜盐微生物细胞内的酶可以忍耐较高的盐度，甚至有些嗜盐酶只有在高盐浓度下才能正常发挥催化功能。有了这些嗜盐酶，这些微生物便可在高盐环境下生存了。这些生存机制，使得嗜盐微生物能在海洋中安家乐业，让生命世界更加多样。

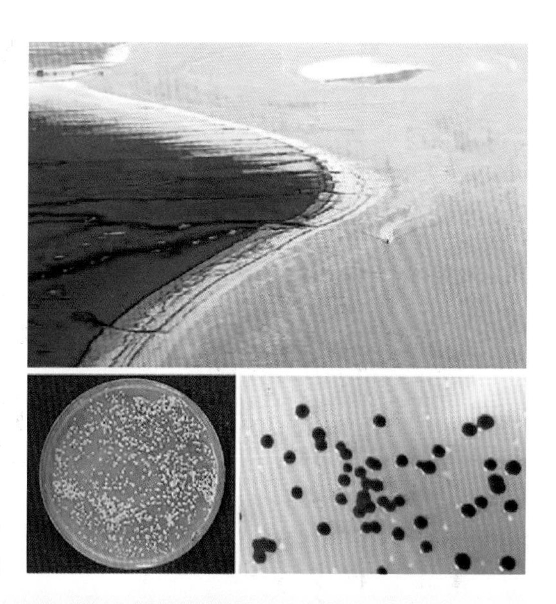

红海的红色与嗜盐微生物

嗜压性

在海洋中，水深每增加 10 米，压强就会增加约 1 个大气压。水深 1 000 米处的压强可高达 10 兆帕，相当于标准大气压的 100 倍。而在目前海洋的最深处——马里亚纳海沟底部（水深约 11 000 米），压强高达 110 兆帕，是标准大气压的 1 100 倍。不过即使在压强如此大的深海海沟，依然有很多海洋微生物定居于此，它们可以耐受高压。随着水深的增加，具有嗜压特性的微生物比例提高。

科学家将最适生长压力高于常压或者在常压下不能生存的微生物称为嗜压菌。从水深 4 000 ~ 6 000 米处分离得到的许多细菌就是嗜压菌，它们在 30 ~ 40 兆帕的高压下生长得最好，在低压下生长速度反而会减缓，

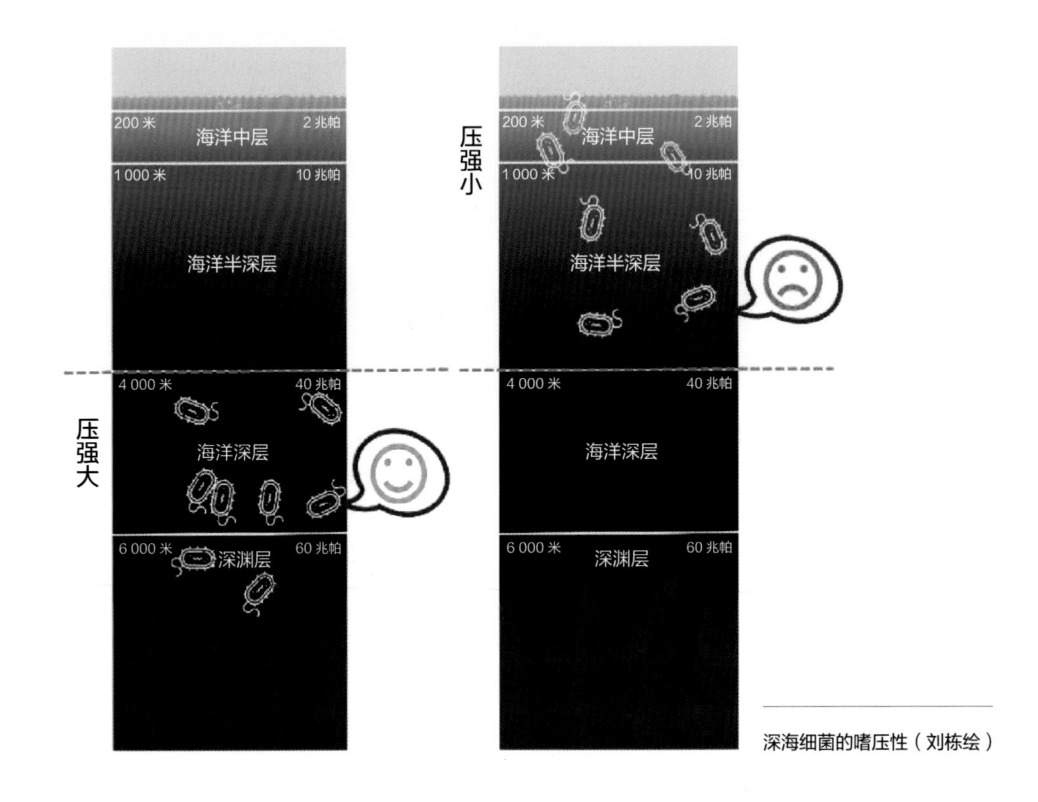

深海细菌的嗜压性（刘栋绘）

部分种类在常压下也能生长。而大多数从近岸环境中分离得到的普通细菌，最多只能承受 20 兆帕的压力。嗜压菌中可承受压力最高的一部分成员又被称为极端嗜压菌，它们只有在压力超过 40 兆帕时才能生长。1979 年，美国科学家首次成功分离了一株嗜压菌，发现它能够在 500 个大气压条件下快速繁殖，但在常压条件下培养数周都不能产生菌落。在之后的几十年中，科学家发明了一系列特殊的深海采样、深海微生物分离和培养技术，分离培养出来越来越多的嗜压菌。

小链接

为什么嗜压菌能够在压强如此高的环境中生活？

这个问题一直令科学家十分着迷。科学研究发现，嗜压菌的蛋白质结构和其他微生物不一样，细胞中含有较高浓度的渗透活性物质，可以保护蛋白质不受高压影响。嗜压菌的细胞膜组成也很特殊，可以保证在高压环境下依然有流动性。嗜压菌的小体积也对它们适应高压环境有所帮助。

嗜压菌这么厉害，人们可以用它来做些什么？

嗜压菌可以在高压生物反应器中生产一些有重要作用的物质，人们还可以把它的嗜压酶分离出来用作高压条件下的催化剂。除此之外，科学家也可以通过对嗜压菌的研究来揭示海洋环境的变化，了解深海中物质循环和能量流动的过程，探索生命的压力极限。

嗜热性

嗜热微生物广泛分布在海底的热液喷口、温泉以及陆地火山等区域。目前已知的热液喷口有 100 多个，喷出由水和其他一些化学物质组成的热液。当热液与周围的低温海水混合时便形成了温度梯度，使具有不同最适温度的嗜热微生物群落在此生活。

嗜热微生物可根据不同的生活温度分成以下几类：50℃ ~ 65℃是兼性嗜热菌（又称耐热菌）最适宜生长的温度范围，这些菌既能在高温环境中生存，也能在常温中存在；专性嗜热菌最适宜生长温度为 65℃ ~ 70℃，这些菌仅在高温条件下生长良好；而那些能在 80℃以上环境中生活的类群被称为极端嗜热菌，目前已有大约 70 种极端嗜热古菌被发现。

除了喜欢高温以外，嗜热微生物因所含的多种酶，如蛋白质水解酶、脂水解酶而引起研究者的兴趣。这些酶可以帮助微生物消化“食物”，它们具有耐热的特性，而且在其他极端条件（极端酸碱度和较高的盐度等）下通常也具有活性。正因如此，嗜热微生物在工业和生物技术应用方面具

深海热液喷口及从流体中分离出来的嗜热菌

有极大的潜力，如医疗、化工、食品、纺织、造纸和皮革工业，可用于细菌浸矿、石油及煤炭的脱硫。在发酵业中，嗜热菌产生的多种酶制剂如纤维素酶、蛋白酶、淀粉酶、脂肪酶和菊糖酶等易于在室温下保存，应用较为广泛。

嗜冷性

夏季清凉的海水，冬季萧瑟的海风都会让我们真切地感受到来自大海的“凉意”。海水表面的平均温度变化为 -1.7℃ ~ 30℃，其温度会随着季节和纬度的改变而发生变化。海水的温度也会随着深度的增加而下降。

在海洋中，有一群微生物生活在有着微弱光亮或者没有光的低温环境中。只有在这样的环境中，它们才能健康地生长。海洋微生物对低温海水的这种适应性特征被称为“嗜冷性”，而这些嗜冷微生物一旦离开了低温的环境就会停止生长甚至死亡。在极地或高纬度的海域中，也生活着很多海洋微生物，它们以嗜冷菌为主。它们对热的反应非常敏感。最适合嗜冷菌生长的温度一般低于 15℃，最低生长温度在 0℃甚至更低，而它们所能生长的最高温度不超过 20℃。

海洋微生物是如何适应低温环境的呢？原来，它们能在低温的海水中正常生长，是由其细胞结构和生物大分子等对低温的较强适应能力决定的。生物的细胞膜主要由脂质构成，具有流动性；当温度降低时，脂质分子出现凝固的趋势，细胞膜的流动性减弱而出现“硬化”现象，使细胞内外的物质无法正常进出细胞。与在常温下生活的微生物相比，在低温环境下生活的海洋微生物，细胞膜中含有更多的脂类物质。这些脂类物质中含有较多的不饱和脂肪酸。不饱和脂肪酸的增多，可以降低脂类的熔点，使细胞膜在低温条件下能够保持良好的流动性，有利于微生物的生存。除此之外，在低温的环境下，它们还能分泌大量的胞外酶，把周围环境中的生物大分子降解成小分子物质，从而满足其自身的营养需求。

不要小瞧了这些肉眼看不到的微生物，在它们小小的身体里也蕴藏着许多未知的秘密。目前，科学家也在不停地探索，试图从嗜冷微生物的生存机制中寻找一些对人类有意义的发现。或许在不久的未来，一株小小的菌体也可以改变人类的生活。

极地与嗜冷微生物

低营养性

赤潮是近海环境中的一种常见自然现象，它的产生源自某些浮游生物（特别是藻类）的暴发性繁殖。而藻类暴发的一个重要诱因是其生存环境中有过量的人类活动排放的营养元素（主要为无机氮和无机磷）。

从近海驶向开阔大洋，海水中的营养元素含量逐渐降低至贫瘠的程度。在全球范围尺度，氮营养的匮乏是限制海洋藻类和微生物等生长的最主要因素。可能大家会有这样的疑问，氮气在空气中所占的比例很高，是否可以作为氮营养源呢？实际上，仅个别微生物类群能够从氮气中获取氮，硝酸盐和铵盐才是更受微生物欢迎的氮营养盐。

在营养物质稀缺的环境中，海洋微生物时刻面临“挨饿”的威胁。为了应对这一问题，它们会缩小自己的“个头”并降低生长速度。例如，在全球表层海水中丰度最高的微生物类群是 SAR11（变形菌门的一种细菌），它的细胞体积为 0.01 立方微米，比我们更为熟悉的大肠杆菌小 100 倍甚至更多。细胞体积减小的同时可以增大比表面积（即表面积和体积的比值），比表面积的增大能够提升细胞和外界环境间的交换效率，也就是增加了营养物质的吸收效率。在生长速度方面，大肠杆菌的繁殖速度大概为 20 分钟一代，而 SAR11 每繁殖一代约需要 2 天时间。像 SAR11 这样的微生物正是因为生长仅需极少的营养物质，才能够在寡营养的大洋环境中“安营扎寨”，超越对营养有着更高需求的富营养菌，占据主导地位。

为了降低繁殖时对营养物质的需求，SAR11 等类群在演化过程中选择性地“丢掉”了一些不影响正常生长代谢的非必需基因，从而获得一个精简的基因组，以实现更有效率的生长。因此，低营养性微生物往往具有较小的基因组，并且倾向于合成更多的含氮量较低的氨基酸。

海洋微生物还可以通过“营养替代”策略满足生长需求。以磷为例，磷酸盐是最受欢迎的磷营养源，在缺少磷酸盐的情况下，微生物会用不含磷的脂质取代磷脂质。然而，有研究表明，脂质的重构会使细胞付出一定的“代价”——被原生动物“吃掉”的概率大大增加。

趋化性

第一次看到趋化性这个词，是不是会有点疑惑呢？想一想当你肚子饿的时候，是不是想要去找香喷喷的食物吃？出门的时候是不是要看看天气，晴天的话就出门，而雷雨天常常会待在家里？细菌在某种程度上和我们人类一样，它们常常会利用自身特性，主动进行取食并趋向有利环境（正趋向）或躲避有害环境（负趋向），这就是趋向性。

趋化性亦被称为化学趋向性，是趋向性的一种，是指生物依据环境中某些化学物质而产生趋向的运动。通常情况下，细菌趋向的化学物质一般是能源物质，如葡萄糖；规避的化学物质则通常对细菌有毒性，如苯酚。趋化性是细菌在复杂的异质环境（如海洋）中寻找最佳化学环境的能力，

海洋细菌的趋化性（孙玉丽绘）

它使细菌能够在复杂的环境中发现和利用化学物质，以增加生存竞争优势。比如许多海洋细菌会主动移动到含有维生素、氨基酸或葡萄糖的溶液中（正趋化），但会避开含有甲醛或苯酚的溶液（负趋化）。

那细菌如何感知外部环境对其有利还是有害呢？趋化细菌的细胞膜表面具有感知刺激的感受器，即专一性的化学受体，它们以此来感知外界环境中化学物质的浓度变化，并将接收到的化学信号转化为细胞内信号，进而控制鞭毛的运动，表现出相应的趋化性。

海洋细菌趋化性是海洋细菌对外界刺激做出的反应，在生物被膜的形成、生物除污、病原菌感染、固氮作用、微生物采油等领域的研究中具有重要意义。

多形性

细菌个体一般都很小，我们很难通过肉眼或者放大镜观察到。科学家往往通过光学显微镜或者电子显微镜来观察细菌。虽然多数细菌都很小，不同细菌之间的大小差异却很大。1985 年，澳大利亚科学家在食草棘鱼的肠道中发现了巨型费氏刺骨鱼菌，该菌竟长达 600 微米，而最小的海洋细菌——“纳米细菌”，长度仅 0.2 ~ 0.5 微米。

海洋细菌形态千变万化。大多数海洋细菌是“独行侠”，比如海洋弧菌；但有些细菌也会“群居”在一块，最著名的就是黏细菌，它们有多细胞群体行为特征，细胞之间有密切的“交流”，宛如一个小型的社会，可以把其他活的微生物或者生物大分子作为食物，同时能够形成抗逆性强的子实体和黏孢子。此外，环境以及细菌的年龄等因素也会使细菌的形态出现差异。比如，和人类一样，细菌也会衰老，当细菌衰老时，会出现不规则的形态，表现为多形性，或呈梨形、气球状、丝状等，我们称之为衰退型。

科学家通过显微镜观察发现细菌细胞一般有四种类型：球状、杆状、螺旋状和不规则状。球状的细菌统称为球菌，科学家依据细胞分裂的方式和相互连接方式的不同将球菌分成单球菌、双球菌、四联球菌、八叠球菌和链球菌等类型。杆状的细菌统称为杆菌，细胞形态比球菌复杂，有短杆（球杆）状、棒杆状、梭状、梭杆状、月亮状、分枝状、竹节状（即两端平截的杆状）等。杆菌细胞的排列方式有链状、栅状、“八”字状以及有鞘衣的丝状等。螺旋状细菌统称为螺旋菌，如果螺旋不满一环则称为弧菌；满 2 ~ 6 环的小型、坚硬的螺旋状细菌称为螺菌；而旋转周数在 6 环以上、体长而柔软的螺旋状细菌则称螺旋体。在自然界中，杆菌最为常见，球菌次之，而螺旋菌最少。此外，还有一些其他特殊形态如丝状、三角形、正方形以及圆盘形的细菌。与陆生细菌相比，海洋细菌中不规则形状的细菌更多，这可能与海洋环境比陆生环境更为复杂有关。比如柄细菌便是拥有特殊形态的细菌，它们一般有一个几微米到十几微米的柄状突起，其末端有黏性固着器，可以固着在固体或者其他细胞表面，便于在海水中找到适

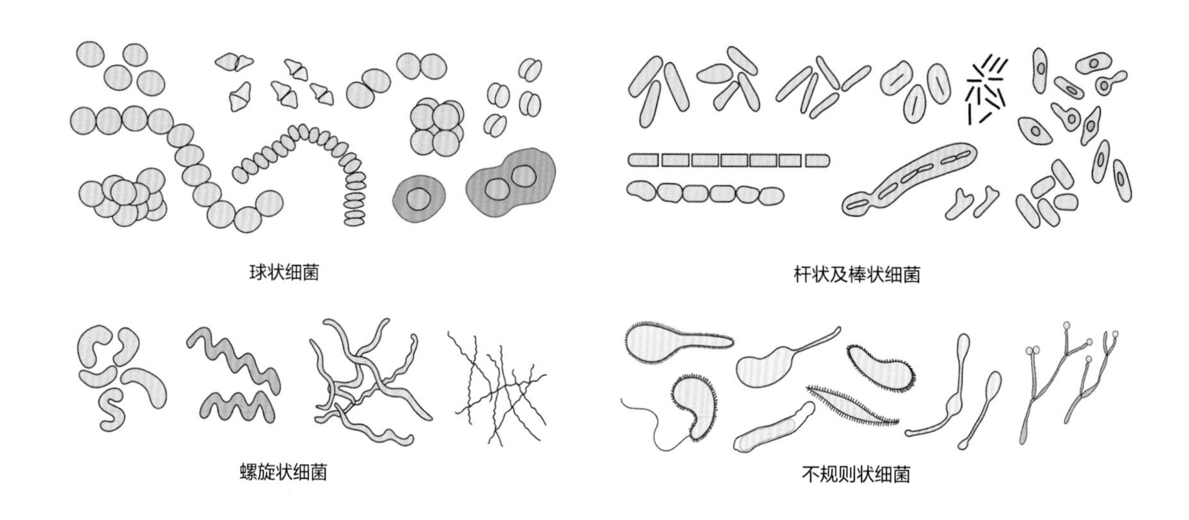

不同形态的海洋细菌（李倩宇绘）

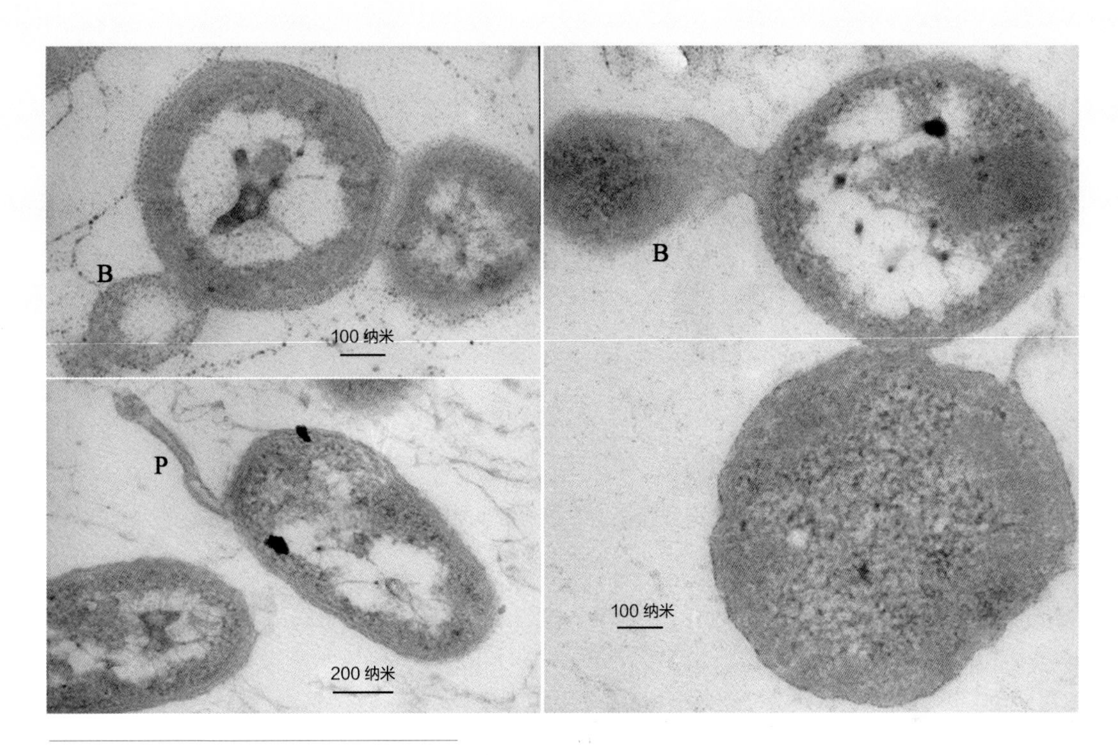

凝集潮汐杆菌的电镜切片，显示芽（B）和菌柄（P）
（Wang 等，2010）

宜的生存环境。另外，有趣的是，柄细菌的柄并不是“与生俱来”的。柄细菌在繁殖前，细胞着生鞭毛的一端长出一个柄，同时鞭毛消失；之后，细胞生长，在细胞的另一侧长出一根鞭毛。细胞分裂后，形成形态不同的两个子细胞，一个有柄但无鞭毛，另一个只有鞭毛却无柄。

发光性

海洋中的“萤火虫”——海洋发光细菌

一提到会发光的生物，映入脑海的可能是夏日里夜空中翩翩起舞的萤火虫。那你知道在海洋世界中也存在会发光的生物吗？其实在海洋中，存在着很多发光生物，包括发光动物和发光细菌等。

海洋发光细菌一般可从海水或从海洋动物的体表、消化道和发光器官上以及海底沉积物中分离得到，在适宜条件下能够发射出光线。它们最喜欢生活在 18℃ ~ 25℃的海水中，目前科学家已实现发光细菌的纯培养。目前已知的发光细菌基本上都生活于海洋，陆地发光细菌非常罕见。比较常见的海洋发光细菌有哈维氏弧菌、费氏弧菌、明亮发光杆菌、鳆发光杆

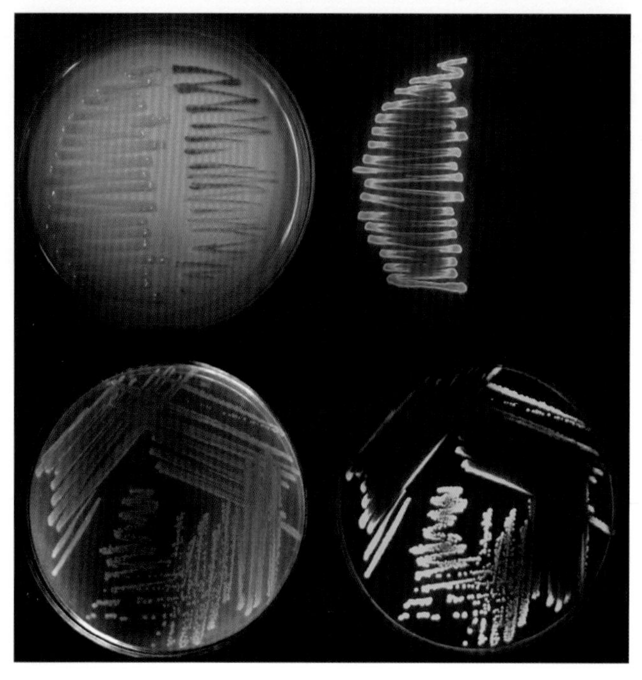

哈维氏弧菌的发光现象（张晓华研究团队拍摄）

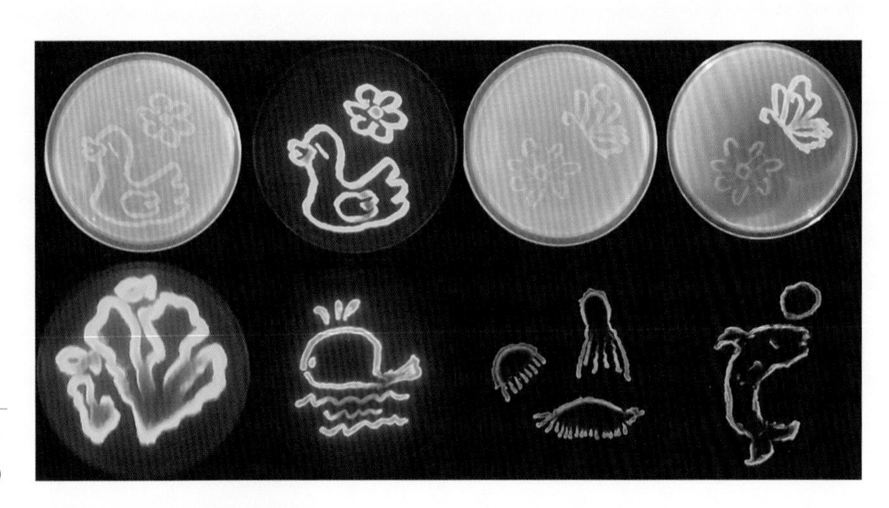

海洋发光细菌平板作画
（张晓华研究团队拍摄）

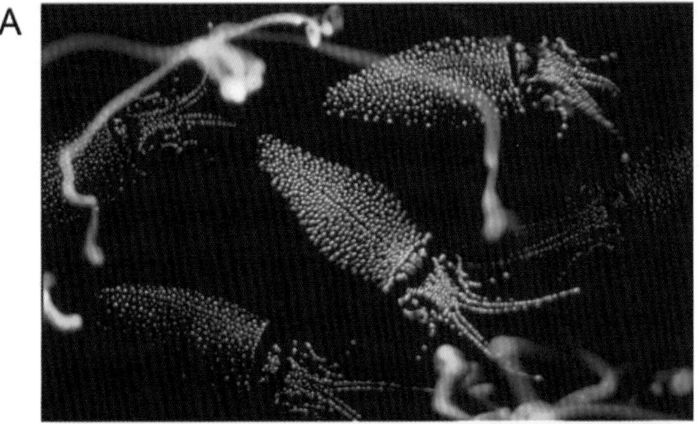

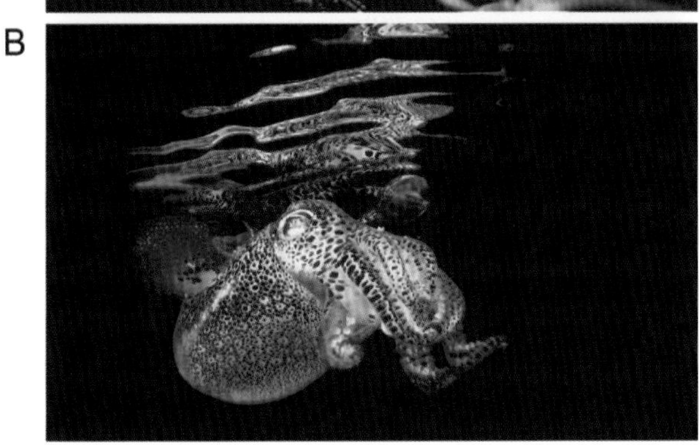

发光的头足类

菌和武氏希瓦氏菌等。发光细菌发出的光线在黑暗条件下可以观察到，在光照条件下不容易被观察到。

通过海洋发光细菌平板作画，你可以窥探这神秘而美妙的海洋世界中的荧荧之光。

发光细菌与海洋动物的共生

你知道吗？海洋发光细菌除了可以在海水中自由生活外，还可以寄生或共生在其他海洋生物体上使其也发出光亮。这些发光的海洋生物体是海洋中的自由舞者，用自己的身躯描绘着美丽的图画，为海洋增添了神秘的色彩。

常见的有费氏弧菌在短尾乌贼的发光器官中与其共生。短尾乌贼为费氏弧菌提供食物和

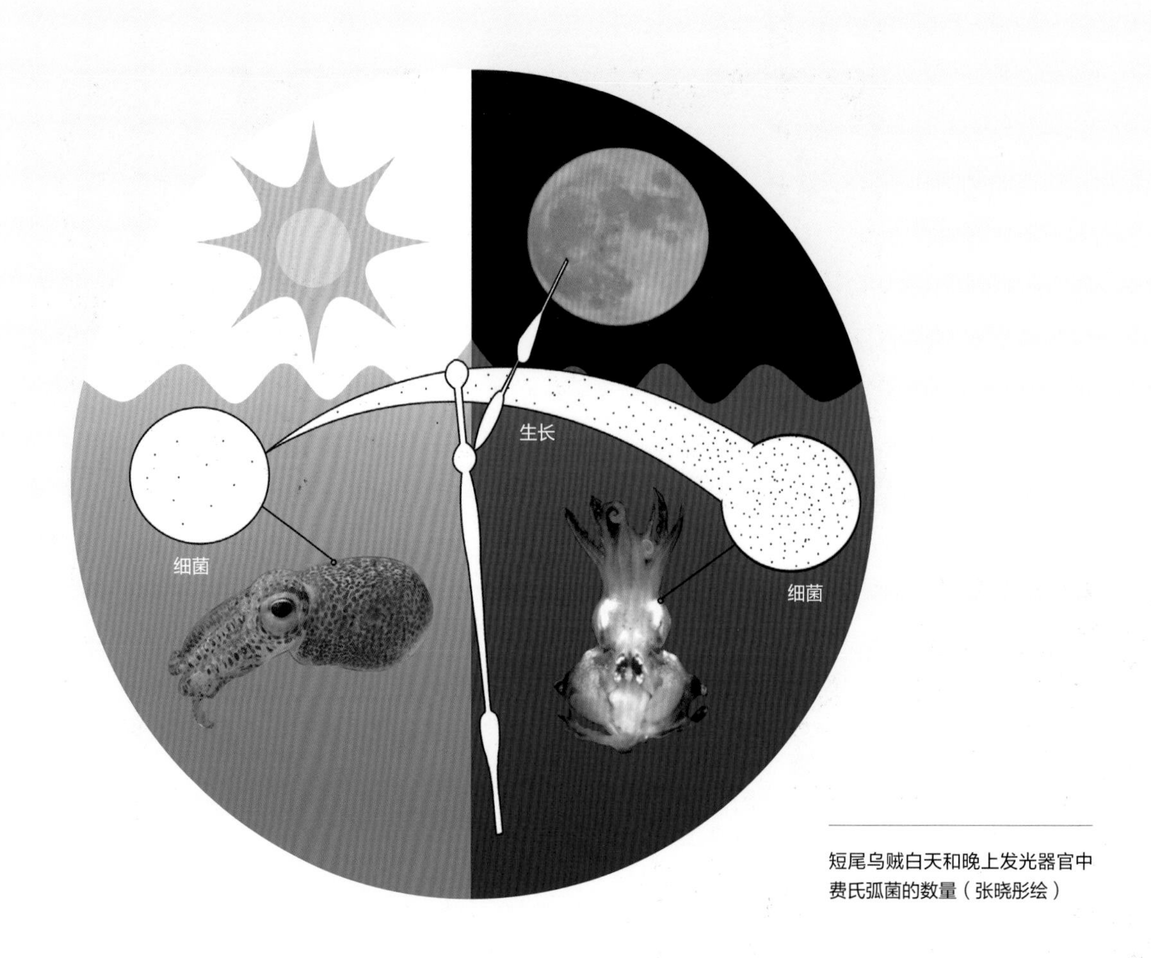

短尾乌贼白天和晚上发光器官中费氏弧菌的数量（张晓彤绘）

生存的场所，而费氏弧菌则可以发出荧光，保护短尾乌贼不受猎食者的侵害。短尾乌贼是夜行性的。白天的时候，短尾乌贼将发光器官中的费氏弧菌排到海水中，发光器官不发光；晚上的时候，费氏弧菌在发光器官中大量繁殖，发出荧光。为什么发光可以保护短尾乌贼呢？想想看，在晚上，如果没有发光器官，月光之下海水中的短尾乌贼身下会留下长长的影子，那么就很容易被捕食者发现，使得短尾乌贼暴露在危险中。如果短尾乌贼通过调整费氏弧菌的发光强度，在海床上不留下影子，那么自然就会避免被天敌捕获。

海洋发光细菌的发光原理

那海洋发光细菌是如何发光的呢？海洋细菌的发光反应是由胞内萤光素酶催化，在分子氧的作用下，将还原态黄素单核苷酸及长链脂肪醛氧化为黄素单核苷酸及长链脂肪酸，同时释放出蓝绿光的反应。不同种类的海洋发光细菌可产生不同的萤光素酶，发光特性也不同。

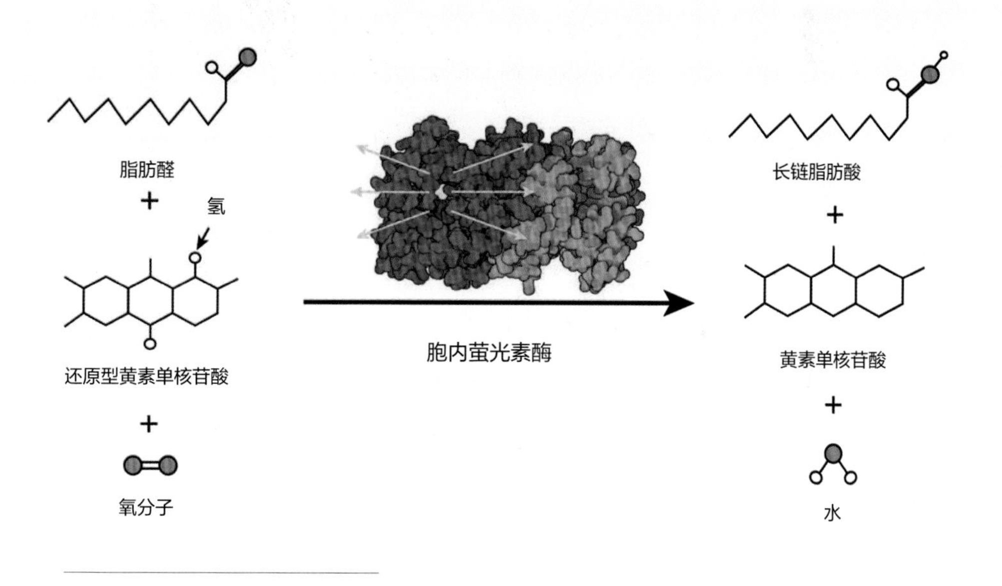

萤光素酶的发光原理示意图（李倩宇绘）

控制发光的“开关”——细菌群体感应

海洋发光细菌并不是每时每刻都在发光，其发光现象通常是受细菌群体感应调控的。群体感应是细菌间的交流机制，通过分泌被称为自诱导物的信号分子对细菌群体性行为进行调控。当只有少量细菌的时候，它们只分泌少量的信号分子；当细菌数量增加的时候，信号分子的数量也会增加。当信号分子的浓度达到一定程度时，它们激活信号传导系统中的组氨酸蛋白激酶，从而调控生物发光等行为。

低密度细胞

高密度细胞

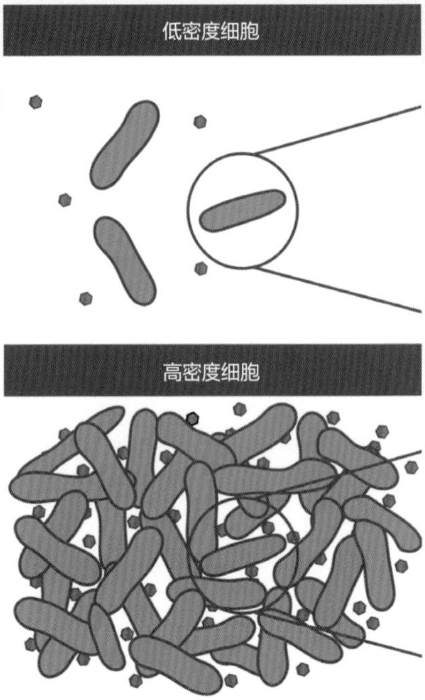

弧菌群体感应系统对发光现象的调控（杨伊梓绘）

海洋发光细菌的应用

虽然海洋发光细菌非常微小，但是它们有着广泛的应用，可以用于快速测定生物医用材料的毒性、监测海洋环境、水下通信探测等方面。

在海洋环境监测方面，它们是天然的污染水平检测器。当发光细菌遇到一些有毒环境污染物时，会发出光亮。它们的发光强度与某些污染物的浓度呈较好的线性关系，能够稳定、快速地反映环境中的污染物浓度变化。

在水下通信探测方面，发光细菌是天然的潜艇追踪器。舰船在发光水域航行，会在海面留下曳光，暴露夜间的航行踪迹。潜艇在海洋中行驶使其背后的海水形成涡流，发光细菌发出的光可以勾画出潜艇涡动的光尾流。潜艇光尾流是发光细菌对涡流应力搅动的一种应激反应，因此在军事上可利用潜艇光尾流现象对潜艇进行跟踪探测。

趋磁性

你可能认识一些非常有吸引力的人，但是跟一些海洋细菌相比，他们的“磁力”就太弱了。有一种叫趋磁细菌的微生物，它们有内置的“小指南针”，能通过捕捉地球的磁场在液体环境中定位到最佳位置。趋磁细菌产生的微小磁铁矿晶体可能成为未来治疗疾病和储存数据的研究热点，因此最近引起了许多科学家的关注。

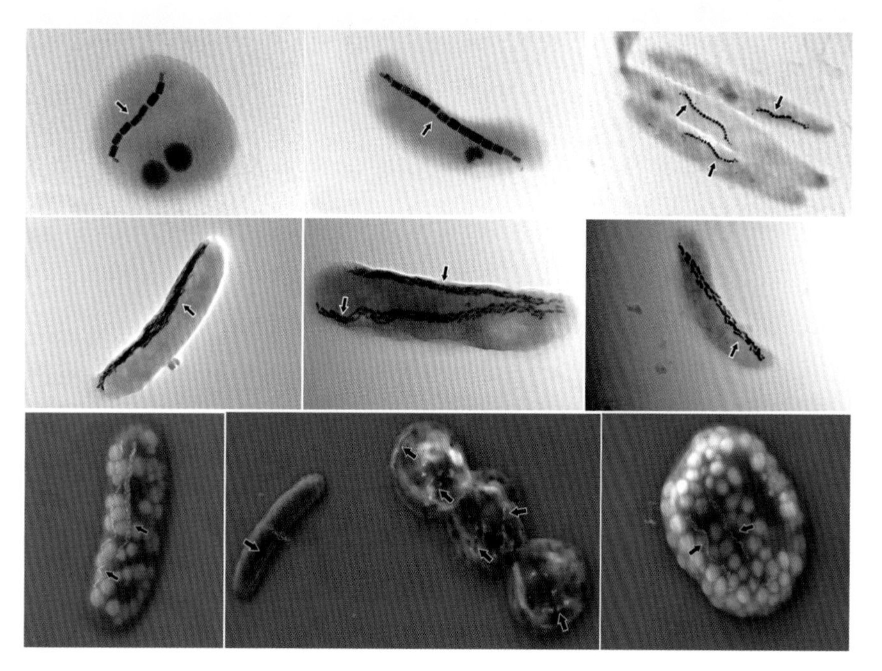

不同类型的趋磁细菌和它们体内的磁小体链（箭头所指）（Goswami 等，2022）

“小指南针”

趋磁细菌为了制造“小指南针”，会从周围环境中摄入铁元素，并将铁运送到被称作磁小体的特殊小室里。在每个小室里都会长有一个小但近乎完美的磁铁矿晶体。这种小的磁铁矿晶体是有磁性的，分南极和北极，

小链接

“小指南针”的好处

一些动物可以在长途迁徙中利用磁场导航，而趋磁细菌能够利用“小指南针”——磁场让自己待在舒适区。趋磁细菌生活在世界各地的五湖四海中，但是它们对所处环境的氧气浓度要求非常严格。水面上的氧气太多了，水底的氧气又太少了，这些对趋磁细菌的生活都是不利的。趋磁细菌虽然没有眼睛和大脑来帮助定位，但可以根据地球磁场在水里穿梭，直到达到有合适氧气浓度的深度。趋磁细菌利用自身的磁晶使自己的运动与地球磁场的方向保持一致，它们只需要沿着磁力线这条捷径，就可以快速地找到合适的深度，不用到处辛苦探索。通过这种方式，细菌周围的“3D环境”就简化成了一条移动轴以及一些非常简单的移动规则。例如，当氧气太少的时候，它们只需要沿着磁力线的方向向氧气更多的水面移动；当氧气太多的时候，它们只需要向相反的方向移动。毫无疑问，这是使趋磁细菌到达氧气舒适区的快捷通道。

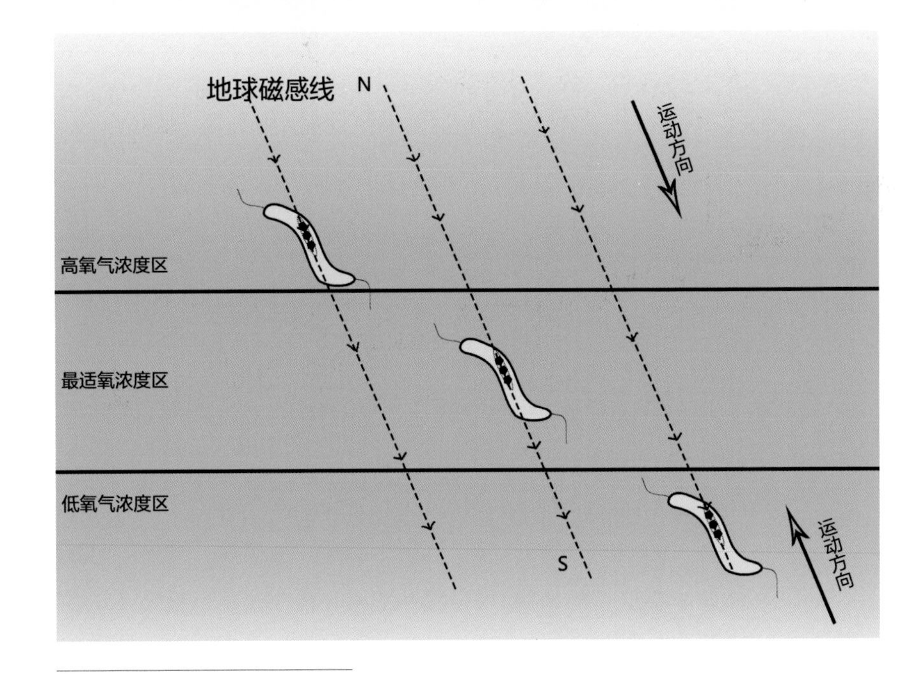

趋磁细菌沿磁力线的运动（马志远绘）

并且它是地球上已知的磁力最强的天然矿物。每一个小磁铁矿晶体都是一块纳米磁铁，只有十亿分之几米大小。但是，也正因为它们实在是太小了，单个纳米磁铁的力量对细菌来说太弱了，无法使细菌很好地对地球磁场做出反应。因此，细菌将它们连接起来，形成一条长且强的磁铁——磁小体链作为磁针来侦测地球磁场。磁铁的磁力太强了，使得细菌的运动只能和地球磁场保持一致。

从细菌中获得的纳米磁铁，在将来某一天可能会出现在你的药丸中或者你的电脑中。纳米磁铁体积小，与其他物质结合稳定，并且能轻易地从不同的粒子中分离出来，这就使它们在医药技术中大有可为。纳米磁铁可以将药物直接送到目标部位，从而使得药物见效快且副作用少，有可能应用于治疗血液病等难以治愈的疾病。在计算机科学中，磁一直以来都被用在数据储存设备中，如硬盘、银行卡等。在纳米尺度下排列的磁铁可能为将来将更多的数据储存在更小的空间中提供技术支撑。趋磁细菌可能比人类更善于制造纳米磁铁。在实验室制造的纳米磁铁往往大小形状都不一样，但是趋磁细菌每次都能将自己的纳米磁铁制造得一模一样。如果能研究清楚不同类型的趋磁细菌能稳定地产生不同形状的磁晶的原因，那就有可能制造出我们想要的形状的纳米磁铁，并且可以更好地将趋磁细菌应用于我们的生活和生产，比如用于去除重金属、放射性元素、有机物污染物等环境污染控制方面。

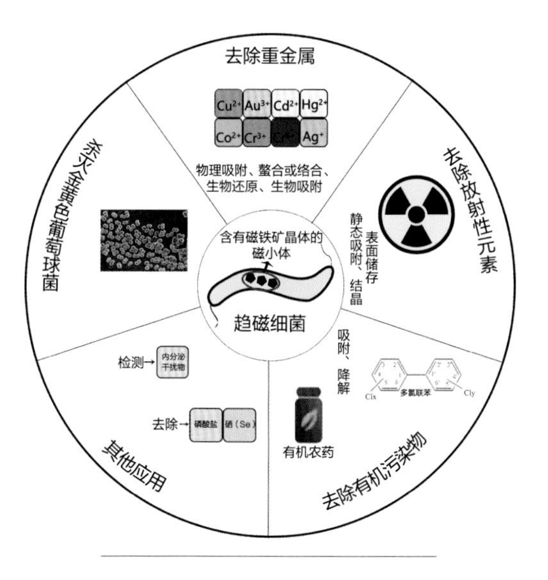

趋磁细菌在海洋环境中的应用（马志远绘）

产生色素

什么是细菌色素?

色素从来都不是一种只有颜色而没有功能的物质。无论是陆地上还是海洋中的一些细菌，都会产生并分泌一些物质，而这些物质会呈现出各种各样的颜色，因此被称为细菌色素。但是细菌没有眼睛，它们最多只能感受到光的强弱，并不能分辨颜色。

为什么细菌色素会呈现出各种各样的颜色呢?

我们日常生活中一般所见到的白光（包括太阳光、LED 灯光）都是由七种颜色的单色光组成的。如果将一束白光通过三棱镜，白光会分散为七种颜色的光——红、橙、黄、绿、青、蓝、紫光，而细菌产生的这些物质之所以呈现出某种颜色，就是因为它们只吸收一些单色光，反射特定的另一种光。比如一本书的封面是蓝色的，就是因为它只反射这七种光之中的蓝光，吸收其他的光；如果呈现黑色，则说明它吸收了所有的光，不反射任何光。

单个细菌产生的色素可能看不出来，但是如果将单个细菌置于培养基上，这个细菌会通过分裂产生众多同种细菌，这些带有色素的细胞就形成了肉眼可见的带有颜色的菌落。在阳光所能到达的海水水层中，几乎有一半的海洋细菌是能够产生色素的。常见的细菌色素有黄杆菌产生的黄色或者橙黄色的胡萝卜素、类胡萝卜素，绿弯菌等产生的绿色的细菌叶绿素，玫瑰杆菌产生的红色或橙红色的细菌视紫红质，假交替单胞菌产生的黑色或棕褐色的黑色素。

细菌为什么产生色素?

科学家在研究海洋细菌时，通常将细菌色素分为光合色素和保护性色素两大类。

海洋藻类之所以能进行光合作用，就是因为它们的细胞中含有光合色素（叶绿素、藻蓝素、藻红素等）。光合色素不仅存在于藻类中，也存在于部分细菌中。叶绿素或细菌叶绿素的存在使部分细菌也能像植物一样进行光合作用，这类细菌被称为光细菌，如蓝细菌或光合细菌。光细菌利用光能，将二氧化碳和水转为有机物和氧气，同时将光能转化为化学能，以供自己及异养生物使用。每种光合细菌所能产生的光合色素不尽相同，每种光合色素所能吸收的太阳光中的单色光也不相同，而每种单色光在海洋中的穿透能力又有着较大的差别。也就是说，海洋中不同深度的光是不同的，不同的光合细菌可以在不同深度的海洋生活，以适应不同的光照条件。

保护性色素是细菌为保护自身免受外界环境伤害，或者为了杀死其

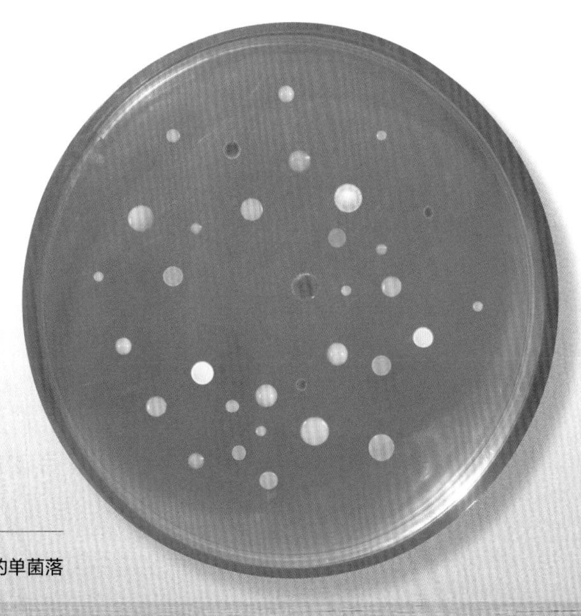

产生不同色素的海洋细菌的单菌落
（孙玉丽制作）

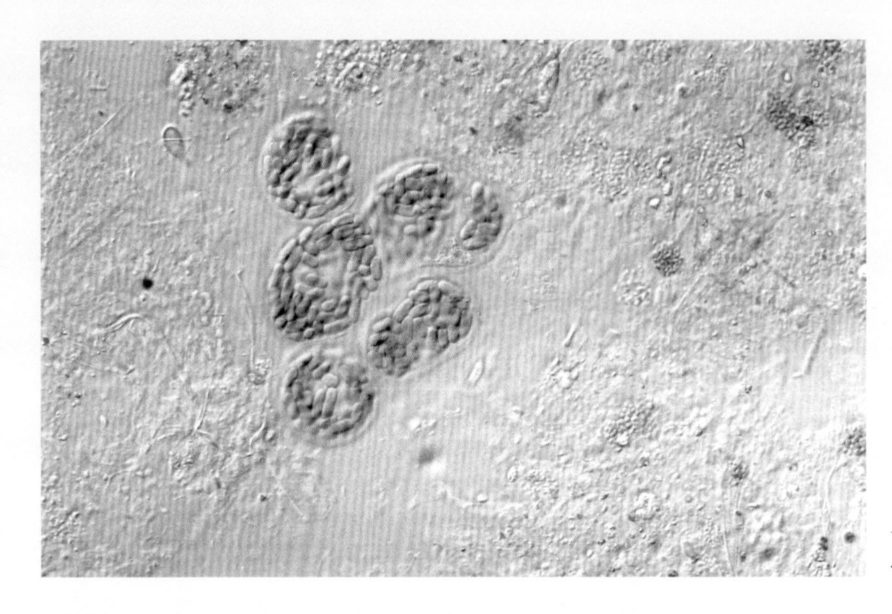

一种光合细菌

他种类的细菌从而在激烈的生存竞争中获胜而产生的一类色素。铜绿假单胞菌为保护自身，能分泌一种名为绿脓菌素的蓝绿色色素，易引起动物疾病。

在海洋的表层水域，也生活着大量产色素的非光合细菌，那么它们为什么也能产生色素呢？现在我们已经知道，太阳光是由七种可见的单色光组成的，还存在着两类看不见的光（红外线和紫外线）。其中，紫外线对细菌的伤害性极强，能够破坏细胞结构和正常的生理功能，但其穿透能力较弱，因而表层海水中的细菌进化出能保护自身的机制，如产生类胡萝卜素类保护性色素。

细菌色素与人类

细菌色素在帮助科学家鉴定细菌种类方面发挥着重要作用，如能够产生绿脓菌素并将其分泌到胞外，使整个培养基呈现出蓝绿色。所以，当看到培养基在培养某种细菌之后呈现出蓝绿色，科学家就可以考虑他们培养的细菌是不是铜绿假单胞菌。此外，某些海洋细菌所产生的色素不会释放到胞外，但其菌落呈现出特定的颜色，据此也可以判断出一些比较特殊的细菌种类。

我们平时吃的零食、感冒时吃的药片、用于打扮的化妆品等都离不开色素，这些色素一般来说都是人工合成的。人工合成的色素可能会有一定的毒性，因此，天然色素进入人们的视野。

细菌生长迅速、繁殖周期短，在天然色素的生产上有着广阔的应用前景。蓝细菌产生的藻青蛋白，不仅是一种色彩艳丽的染料，还是一种良好的保健食品。研究表明，藻青蛋白具有刺激红细胞生成、调整白细胞和提高淋巴细胞活性等作用，能增强机体免疫功能，促进生长发育，还具有抑制某些癌细胞的作用。某些细菌产生的花青素，在人体抗衰老方面有着非常大的应用潜力。

藻青蛋白粉与花青素粉

海洋微生物与人类生活

各种各样的海洋食品

海洋微生物与海洋食品安全

浩瀚的海洋是生命的摇篮，孕育了种类繁多的海洋生物。随着生命科学的发展，人类的餐桌上有越来越多的食物来自海洋。这些海洋食品味道鲜美，富含人体必需的多种微量元素、不饱和脂肪酸等营养成分，是人们首选的优质食品。被誉为人体“健康卫士”的明星海产品，如海蜇，对气管炎、哮喘、胃溃疡、风湿性关节炎等疾病的治疗有益。

凉拌海蜇

海产品营养又美味，然而在捕获和加工过程中不可避免地会受到微生物的入侵。例如，鱼、贝类等由于体表分泌含有糖蛋白的黏质物而成为微生物繁殖的温床。它们的皮肤和鳃等部位与水体直接接触，往往是携带微生物的重灾区。当它们死亡后，附着在体表的微生物便大量繁殖，进而引起海产品腐败变质。如果我们不小心食用了这些海产品，那么这些致病性微生物就会侵害人类的消化系统。这些致病性微生物主要包括了三大类：第一类是原本就存在于水源中的细菌，如霍乱弧菌、副溶血弧菌；第二类是人类或动物的排泄物中的细菌，如沙门氏菌、大肠杆菌、金黄色葡萄球菌；第三类是食源性病毒，如甲型肝炎病毒和诺如病毒。

这些微生物对人类的危害相当大，如果食用感染致病性微生物的海产品，很容易患上胃肠炎、败血症、痢疾等疾病。

舌尖上的风险：影响海洋食品安全的细菌

创伤弧菌

创伤弧菌是臭名昭著的三大致病性弧菌之一，是一种人鱼共患的病原菌。

海洋创伤弧菌分布非常广泛，通常活跃在温度适宜的河口和热带海域，容易造成伤口感染。创伤弧菌感染伤口后，伤口会出现起水泡、红肿发炎等症状，严重者甚至会引发致死性败血症。据报道，国内外每年都会出现许多因伤口接触海水或者身体被海产品刺伤等原因引起的创伤弧菌感染的病例，其中不少因治疗不及时或是自身机体状况不佳而导致截肢，甚至是死亡的严重后果。

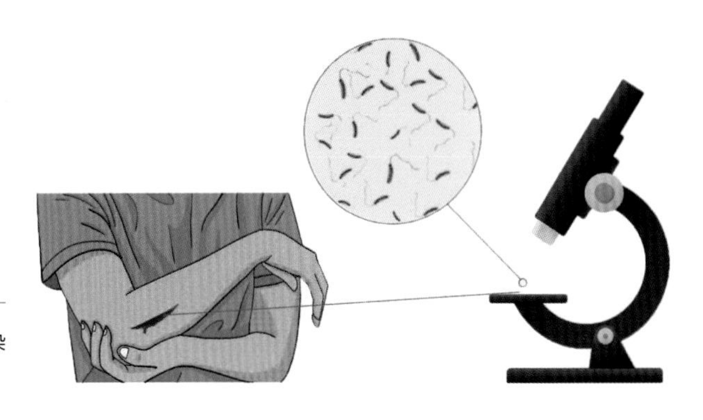

创伤弧菌造成的伤口感染
（范明智绘）

霍乱弧菌

霍乱弧菌是烈性肠道传染病霍乱的病原菌，历史上曾经暴发过七次霍乱大流行，它袭击了五大洲 140 多个国家和地区，给数百万人带来了巨大的危害。

霍乱弧菌是以水为媒介进行传播的，甚至可以在水中越冬。如果养殖的水体被霍乱弧菌污染，那么这种细菌会进入养殖动物体内，并在周围的环境中传播。鱼、虾和贝类等都可能成为霍乱弧菌的“传声筒”。

霍乱弧菌在全球许多国家和地区广泛分布。季节性变化会影响它的数量。在温度升高、降雨增多的 5、6 月份，霍乱弧菌迅速繁殖，数量激增。而台风、海啸、地震和泥石流等自然灾害的发生也会使霍乱弧菌蔓延，致使所在区域很容易暴发大规模的霍乱疫情。

一旦被霍乱弧菌感染，患者的典型症状主要是急性腹泻，而且伴随着高热、呕吐。如果没有及时进行治疗，患者身体就会快速失去水分，从而导致低血容量休克、电解质紊乱和代谢性酸中毒等后果。如果病情加重，还有可能出现血液循环衰竭、急性肾衰竭等危及生命的情况。

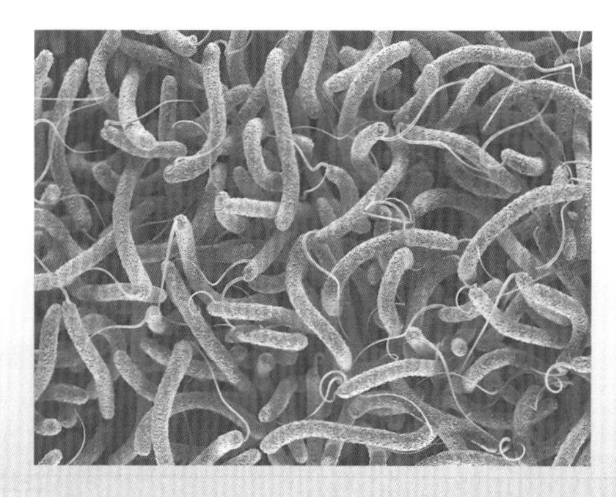

霍乱弧菌

副溶血弧菌

副溶血弧菌是一种嗜盐菌，常存在于近海海水、海底沉积物、浮游生物、海产品（如鱼和贝类）等中，是夏秋季沿海地区细菌性食物中毒的主要病原菌。

副溶血弧菌的感染症状主要表现为呕吐，水样腹泻和腹部阵发性绞痛。如果患者病情加重，还有可能出现脱水、皮肤干燥、血压下降甚至休克等严重后果。

海洋分枝杆菌

海洋分枝杆菌存在于鱼、虾、蟹等海洋生物中，甚至会感染海豚。这种细菌也能在淡水中存活。

患者经常是因为处理海鲜时手被划伤而感染的。虽然这种细菌只会在伤口附近的筋膜蔓延，不会侵入内脏，但拖延治疗往往会加重病情，所以要及时治疗。因为科学家还没有发现该细菌对哪种药物比较敏感，所以治疗过程会相当缓慢，而且疾病易复发。

铜绿假单胞菌

铜绿假单胞菌在阳光下暴晒时，能够通过产生的色素降低紫外辐射的伤害。它们广泛分布在陆地和海洋中。铜绿假单胞菌属于机会致病菌，对多种抗生素有耐药性，可以感染人体的任何部位和组织，可引起伤口感染、呼吸道感染、泌尿系统感染、腹膜炎等。

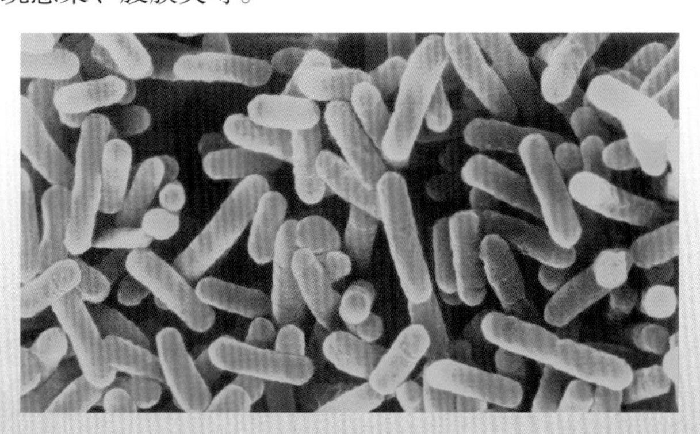

铜绿假单胞菌

舌尖上的风险：影响海洋食品安全的病毒

甲型肝炎病毒

甲型肝炎病毒是甲型病毒性肝炎的病原体，是一种消化道感染病毒。贝类是传播甲型肝炎的主要媒介，如毛蚶、蛤蜊等所生活的海域受到甲型肝炎病毒的污染，生物富集作用会使病毒积累于其体内。人们生吃或吃未煮熟的海鲜时，这些病毒便有了进入人体的机会。1988 年上海感染病毒的毛蚶引起的甲型病毒性肝炎的暴发，就是生活污水排放到养殖区域附近、病毒在毛蚶体内富集引起的。

甲型肝炎病毒常见的双壳类宿主

甲型肝炎病毒感染主要分为两种情况：一种是隐性感染，一种是显性感染。所谓的隐性感染，就是感染以后，没有任何不适的症状，只有在人体检的时候才会被发现。而显性感染是指感染后有显著的症状，主要表现为食欲减退、恶心呕吐、乏力、肝大及肝功异常，还可能会发烧、小便颜色发黄等，严重时会出现眼巩膜发黄、皮肤发黄等情况。

绝大部分感染者能完全康复并且获得终生免疫，只有很少一部分会引发致命的重型肝炎。对于没有得过甲型病毒性肝炎的人，可以通过注射疫苗来预防。

诺如病毒

诺如病毒是引起世界范围内人类非细菌性急性胃肠炎的主要病原体，可通过污染的食品、水等多种途径进行传播。由于该病毒具有很强的外界抵抗力，感染性强，传播迅速，极易引起疫情的流行与暴发，日益成为重要的公共卫生问题。被其污染的水和水产品是诺如病毒疫情暴发的重要因素，其中双壳类

易携带诺如病毒的双壳类

如牡蛎、扇贝、毛蚶、花蛤、血蚶等均是诺如病毒常见的宿主，因此对水体、水产品进行相关监测是十分重要的。

诺如病毒感染症状多表现为恶心、呕吐、发热、寒战、腹痛和腹泻，潜伏期多为 24 ～ 48 小时，最短 12 小时，最长 72 小时。儿童患者呕吐症状普遍，成人患者腹泻为多，粪便为稀水便或水样便，无黏液脓血。原发感染患者的呕吐症状明显多于续发感染患者，有些感染患者仅表现出呕吐症状。此外，也可见头痛、寒战和肌肉痛等症状，严重者可出现脱水症状。

感染诺如病毒的多数患者发病后无须治疗，休息两三天即可康复，少数患者因出现严重并发症需要及时进行治疗。目前无针对诺如病毒的疫苗和特效药物。

其他病毒

杯状病毒、腺病毒、轮状病毒等可以通过被其污染的水、水产品进行传播，目前大多数病毒感染后，并无特效药可用于治疗。

防治方法

人们通常通过食用生鲜食品如生鱼片、生鱼粥、醉虾和醉蟹，或未经彻底加热的海鲜如汤涮或烤制的海鲜而感染致病性微生物。触碰海鲜后不洗手或使用切过生海鲜的刀具切熟食也能使人感染。从市场管理角度来说，要对水产品生产者加强水产品生产、加工的安全卫生管理和监督，要求其严格遵守有关生产加工标准。水产品必须经过严格的微生物检验，达标后才能进入市场。而对于消费者来说，要养成健康的饮食习惯，尽量少吃生鲜食品或未经彻底加热的海鲜；不用盛过水产品的器皿盛放其他直接入口的食品；烹饪刀具及砧板要生、熟食分开使用等。

处理海鲜时要佩戴手套

处理海鲜时应佩戴厚薄适宜的手套，防止被虾、蟹、鱼等扎伤。另外，对于老人、孩子、孕妇及患有免疫缺陷疾病等免疫力较弱的人群来说，应减少接触带刺的海鲜，以免被刺伤，减少致病风险。

尽量熟食海鲜

烹饪海鲜时烧熟煮透再食用可降低致病性微生物感染风险。高温烹煮可杀死绝大部分海洋生物体内或体表的微生物。尽量不吃生食或半生食类海鲜。如生食海鲜，请选购微生物检验合格的产品。

做熟后的海鲜

不要带伤触碰海鲜

如果手上带有伤口，就不要触碰海鲜。如果身上有伤口，也尽量不要在海水中玩耍。

万一被海鲜扎伤，要及时处理

如果不小心被虾、蟹、鱼等扎伤，应该将血及时从伤口挤出，然后用清水冲洗。如果出现疼痛、瘙痒、肿胀、腹泻或发热等症状，就必须马上到医院就诊。此外，如果被扎伤口很深，经简单处理后，伤者最好再去医院进行处理。因为较深的伤口为细菌提供了厌氧的环境，容易造成破伤风杆菌大量繁殖。

海洋微生物与海洋功能食品开发

功能食品在我国又称保健食品，是指具有调节机体生理功能、适合特定人群食用，但不以治疗疾病为目的的一类食品。这类食品除了具有一般食品所具备的营养与感官功能（色、香、味、形），还具有一般食品所没有或不强调的第三种功能，即调节人体生理活动的功能，因此被称为“功能食品”。

随着生活水平的提高，人们的健康观念也由“病后治疗”向“预防保健”转变，对食物不仅要满足营养和感官风味的要求，更注重其增进机体健康的功效。我国自古以来就有药食同源的养生文化，具有发展功能食品产业的传统优势。

海洋功能食品是指以海洋生物资源作为食品原料的功能食品。与其他海洋生物相比，海洋微生物在资源开发方面具有不会破坏生态平衡、能够利用生物与基因工程技术获得新的高产菌株和新产品的特殊优势。在经历近半个世纪的探索研究后，科学家已经从海洋微生物中发现了一系列在化学结构和生物学上具有重要意义的新型天然产物，并不断将其应用于功能食品的开发。近年来分子生物技术的高速发展为海洋微生物在功能食品的开发应用上又提供了新的研究方向、思路和方法。

海洋微生物源多不饱和脂肪酸

多不饱和脂肪酸是碳链上具有两个及以上双键的脂肪酸，是维持细胞结构和功能的重要组分。研究发现，以二十碳五烯酸（EPA）和二十二碳六烯酸（DHA）为代表的 ω–3 系列多不饱和脂肪酸具有降低血浆甘油三酯水平、抗血栓、促进神经系统和视觉系统发育等多种重要的生理功能，被广泛应用于功能食品、医药和化妆品等领域。现在市场上的 EPA 与

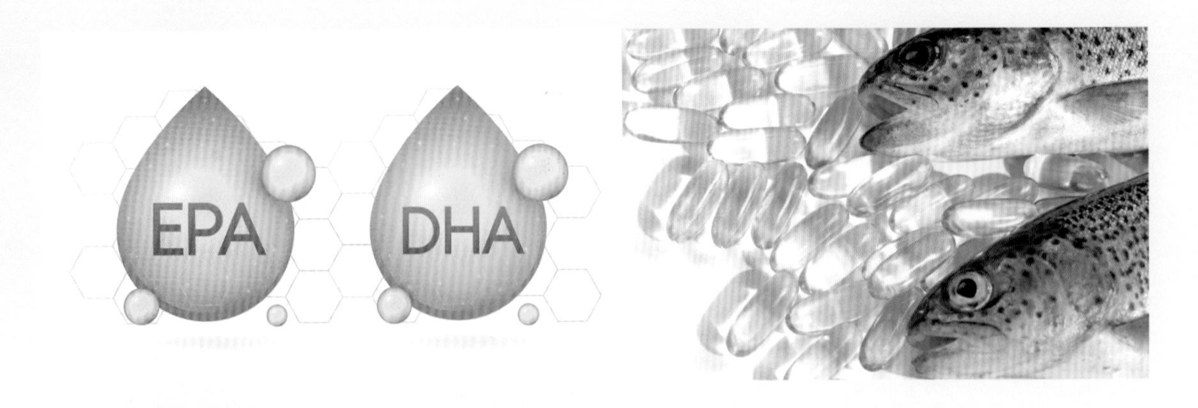

富含 EPA 和 DHA 的鱼油

DHA 的主要来源是脂肪含量高的海洋鱼类，但是从海洋鱼类中提取 EPA 与 DHA 存在以下缺陷：鱼油产量波动大，且鱼油质量会随鱼种、地理环境和捕捞季节不同而有所差异；鱼油纯化工艺较为复杂，生产成本高；鱼油中的鱼腥味难以消除，不易被消费者所接受。由于全球气候变暖、海洋环境污染和过度捕捞等因素的影响，海洋鱼类资源日趋减少，仅仅依靠原有的鱼油资源将难以满足日益增长的市场需求。因此，越来越多的研究人员将目光聚焦于海洋食物链的初级生产者海洋微生物，以期开发稳定、可控、高产、可持续的 ω–3 多不饱和脂肪酸生物新资源。

与鱼油相比，微生物油脂具有以下优势：产油微生物中不饱和脂肪酸含量比较高，科学家已发现一些微藻的中性脂含量占细胞干重的 20% ~ 50%，在少数微藻中该指标可达 75%，单位产油量高于农业油料作物。微生物油脂没有鱼腥味、胆固醇含量低。产油微生物一旦被分离，可以通过工厂化大规模培养、人为控制微生物生长，不用担心资源会枯竭。

许多种类的微生物具有合成 EPA 与 DHA 的能力，而且 EPA 与 DHA 在某些海洋微生物中的含量较鱼油中更为丰富。海洋产油微生物主要是一些海洋微藻与海洋真菌。产油微藻主要有金藻、隐藻、紫球藻、中肋骨条

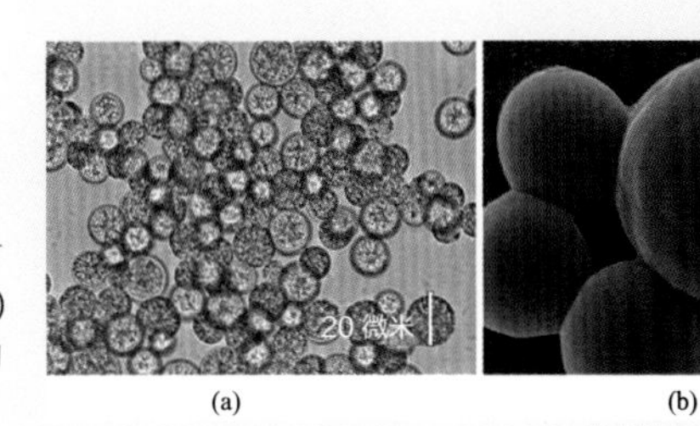

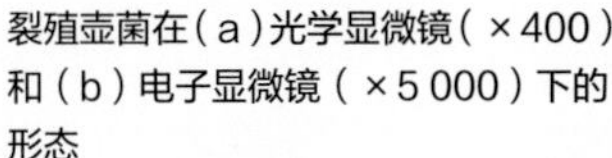
裂殖壶菌在（a）光学显微镜（×400）和（b）电子显微镜（×5 000）下的形态

藻、眼点拟微球藻等；产油酵母主要有胶红酵母、黏红酵母、圆红冬孢酵母等；DHA 生产菌主要为破囊壶菌和裂殖壶菌。

目前，能够实现商业化生产的海洋微生物并不多，裂殖壶菌因不饱和脂肪酸组成简单、DHA 含量较高、发酵条件易控而受到广泛关注，具有 DHA 商业开发潜力。裂殖壶菌又称裂壶藻，是单细胞球形菌体，其生长速率快，细胞内油脂含量高、油脂组分相对简单。裂殖壶菌所产的脂肪酸 90% 以上以甘油三酯形式存在，对消化酶的抗性较高，更利于人体吸收利用。2010 年，依据《中华人民共和国食品安全法》和《新资源食品管理办法》，以裂殖壶菌（或吾肯氏壶藻、寇氏隐甲藻）为原料发酵、分离、提纯的 DHA 藻油被批准为新资源食品。

海洋微生物源类胡萝卜素

类胡萝卜素是自然界中含量丰富的天然色素，广泛存在于动物、植物、真菌中。目前已发现的类胡萝卜素约有 750 种，其中常见的有 α- 胡萝卜素、β- 胡萝卜素、番茄红素、叶黄素、玉米黄素、β- 隐黄素等。作为人体必需的微量营养素，类胡萝卜素具有抗氧化、预防眼底黄斑病、预防心血管疾病、免疫调节等多种生理功能。近年来研究热度较高的虾青素也是类胡萝卜素的一种，天然虾青素主要存在于真菌（红发夫酵母等）、微藻（雨生红球藻、杜氏盐藻等）、甲壳动物和鲑鱼等。类胡萝卜素虽然在自然界中广泛存在，但无法在动物体内自主生成。现阶段，类胡萝卜素的主要获取途径为植物提取、化学合成和生物发酵。其中，利用微生物发酵技术生产类胡萝卜素具有效率高、成本低、安全性能佳且微生物易于大规模培养等优势。

海洋红酵母是海洋中自然存在的一种单细胞酵母品系。海洋红酵母细胞呈球形或卵形，直径约为 5 微米；菌落为红色、粉红色、橙色或者黄色，最适生长温度为 22℃ ~ 30℃，适宜生长于偏酸性、有一定碳源和氮源的环境，不需要光照条件；主要分布于海域和沿岸的各种基物上，具有较强的抗逆性和较好的耐盐性。科学家曾经调查过我国黄海、渤海沿岸不同基物上的红酵母种类，共鉴定了 216 株，即深红酵母 153 株、黏红酵母 39 株、小红酵母 15 株和牧草红酵母 9 株。红酵母属的酵母菌均能产生类胡萝卜素。利用海洋红酵母生产类胡萝卜素，具有以下优点：海洋红酵母本身无毒，细胞中还含有丰富的蛋白质、不饱和脂肪酸和肝糖等多种营养物质；海洋红酵母生长周期短，发酵条件易于控制，生产成本相对较低，有利于工业化生产，具有重要的应用价值和广阔的市场前景。

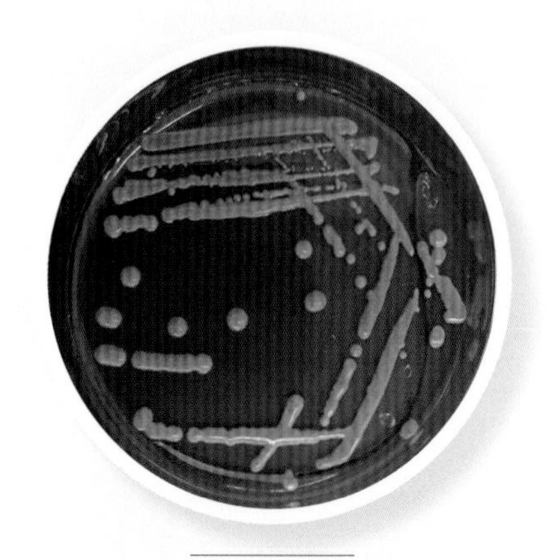
海洋红酵母菌落

杜氏盐藻是一种没有细胞壁的单细胞绿藻，具有两条等长的鞭毛，可以游动。藻细胞中含有一个杯状的叶绿体，能进行光合作用。杜氏盐藻是目前公认的商业化生产 β- 胡萝卜素的理想资源。1831 年，法国生物学家杜纳尔发现地中海沿岸的某些盐池中有一种尾部具有双鞭毛的单细胞藻类，后人为纪念他的发现，将其命名为“盐生杜氏藻”，简称“杜氏盐藻”。该藻是迄今为止发现的最耐盐的真核光合生物，主要分布于海洋、盐湖等盐水水体中。杜氏盐藻在正常生长环境中呈绿色，当受到环境胁迫或其他胁迫时（如营养饥饿），开始积累 β- 类胡萝卜素，以叶绿素为

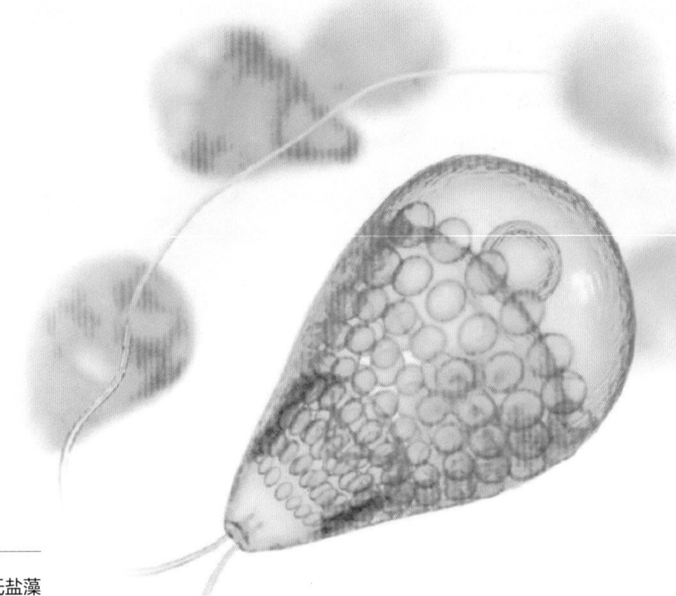
杜氏盐藻

吉兰泰盐湖

主的绿色细胞开始向橙色转变。根据细胞内β-类胡萝卜素的含量变化，细胞呈现出绿色、橙色或红色，在一定条件下，β-胡萝卜素含量可高达细胞干重的10%。

美国、以色列、澳大利亚等国家都相继开展了大规模盐藻β-胡萝卜素生产特性研究，并开发出多种相关的功能食品和化妆品等。我国拥有漫长的海岸线和许多内陆盐湖，具有培养杜氏盐藻生产β-胡萝卜素的得天独厚的自然条件。目前国内的杜氏盐藻养殖基地主要集中在吉兰泰盐湖，这里环境条件干旱、少雨、光照强，相对适合盐藻的生长与β-胡萝卜素的积累。

海洋功能食品开发用海洋微生物工具酶

由于海洋微生物生存环境的特殊性，其代谢过程中的酶类在性质、功能上与陆地生物相比具有明显的不同。研究人员根据海洋微生物的生态特征，采集海水、沉积物或海洋生物中的样品，通过筛选获得若干产酶性能良好的菌株，然后按照生产菌种性能要求分别测定它们的发酵产酶能力，最后筛选确定产酶能力高的微生物菌株。

目前，在海洋细菌、古菌、真菌等微生物中已分离出多种具有开发潜力的活性酶，包括蛋白酶、多糖酶、溶菌酶、脂肪酶等。这些海洋微生物酶已成为新型酶制剂的重要来源。弧菌是报道产酶种类最丰富的类群，产自弧菌的酶有蛋白酶、琼脂酶、几丁质酶和甘露聚糖酶等。来自深海、极地等极端环境中的极端微生物作为产酶资源也受到极大关注，包括嗜冷、嗜碱等多种类型，是低温酶、碱性酶等极端酶的主要来源。

在功能食品领域应用较多的工具酶主要是海洋蛋白酶与海洋多糖降解酶。科学家希望通过现代海洋微生物酶工程技术的转化，实现水产加工专用蛋白酶和海洋多糖降解酶的进一步开发应用，并开发出海洋活性肽、活性寡糖、食品调味品等一批新型海洋功能食品，实现海洋生物活性物质的深度提取和高效转化，进而提升海洋生物资源的综合利用水平。

蛋白酶是能水解蛋白质或多肽的一类酶，是最早应用于工业生产的酶，也是用途最广泛的酶制剂之一。研究人员已从海洋微生物中分离出多种水产加工专用蛋白酶，用于酶解海洋生物蛋白原料，制备出具有特定生理活性、理化功能和营养价值高的生物活性肽。例如，浙江大学研究人员从舟山附近海水样本中筛选出一株嗜麦芽寡养单胞菌，从中获得了能够水解Ⅰ型胶原蛋白的新型胶原酶，有效制备出了鳕鱼皮胶原肽。

多糖降解酶是一种能够催化降解多糖、降低其黏度的工具酶。与传统高温、高压、加酸和加碱的物理或化学制备方法相比，添加多糖降解酶的生物降解法具有效率高、成本低、条件温和、过程可控、环境友好等优势，同时能够最大限度保留生物活性，因此成为常见的海洋寡糖制备方法。海洋多糖广泛存在于海洋动植物及微生物中，如海藻胶、卡拉胶、琼胶及壳聚糖，可用于制备增稠剂、稳定剂和乳化剂，赋予食品体系良好的加工性能和口感。降解海洋多糖后得到的一系列低聚糖片段称为海洋寡糖。海洋寡糖来源丰富，结构多样，具有抗炎、抗氧化、抗凝血、改善心脑血管疾病、促进皮肤组织愈合等多种生物活性，集营养、保健、食疗于一体，加之独特的物理化学特性，近年来在功能食品的开发中展现出巨大的应用前景。

海洋微生物多糖降解酶有卡拉胶酶、褐藻胶裂解酶、琼胶酶、几丁质酶、纤维素酶、淀粉酶等。中国海洋大学的研究人员从胶州湾近海海水中筛选出一株黄杆菌科细菌，这种细菌能够稳定产生海参岩藻聚糖硫酸酯酶，可以有效降解刺参、海地瓜等多种海参体壁中的海参多糖，所制备的海参寡糖能够有效预防酒精导致的胃溃疡。

海洋微生物酶是新型生物活性酶的重要分支，但是从酶资源的筛选到商业化应用仍需要大量的研究与开发。随着各种先进技术的不断发展及各国对海洋微生物研究领域的关注，海洋微生物产酶资源的大量开发及商业化生产指日可待。

海洋微生物与海洋药物开发

海洋中除了生活着创伤弧菌、霍乱弧菌等“坏”微生物，还生活着“好”微生物。这些“好”海洋微生物对人类有着重要的作用，比如它们可以给人类提供治疗疾病的药物来源。

海洋药物

海洋药物是以海洋生物含有的有效成分为基础研制开发的药物。传统海洋药物指的是以海洋生物（或者海洋矿物）直接加工成的药物，或经过了组方配伍所制成的复方制剂，也就是现在讲的海洋中药。早在殷商时期，古人就知道利用海洋生物来治疗疾病，如《归藏易》中就记载了海洋鱼类可以用来散瘀血。随着人们对海洋的认识和医学知识水平的不断提升，越来越多的海洋中药被研制出来。2009 年出版的《中华海洋本草》收录了 613 味海洋中药。现代海洋药物指的是以海洋生物中的有效成分为基础进一步开发的海洋药物。

疾病是威胁人类生命健康的巨大挑战。虽然人类已经研制出许多药物来抵抗疾病，但是人类与病魔的斗争远远没有结束，如癌症、心脑血管疾病等仍然没有能够治愈的特效药。然而由于陆地生物资源的日益枯竭，以传统的陆地生物资源为基础的新药物研发变得日趋困难。因此，人们把目光从陆地转向了海洋。

海洋是地球的生命之源，孕育了多种多样的生物，不仅仅是人类重要的食物来源，也是一个潜在药物发现的巨大资源宝库。

我国在世界海洋药物研究领域占据了举足轻重的地位，相关的科技论文发表量已居世界首位。目前市场销售的 16 种海洋药物中，有两种是我国研制的，即藻酸双酯钠片和甘露特钠胶囊。

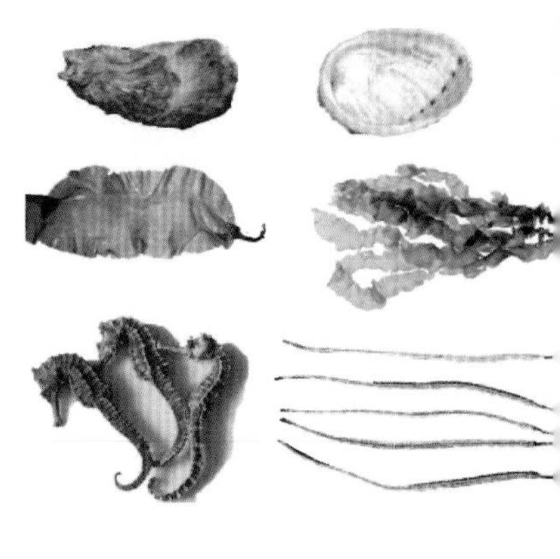

代表性传统海洋药物来源

我国研制的藻酸双酯钠片和甘露特钠胶囊

未来海洋药物开发新资源

虽然海洋蕴藏着巨大的生物资源，但是现代海洋药物的开发必须是可持续的、绿色的。研究表明，海洋动植物仅能够产生微量的能够用于药物开发的物质。如果仅仅直接从海洋中获取，需要大量海洋动植物，但这样会严重威胁海洋生物种群生存，进而破坏海洋生态系统。如抗软组织肿瘤药物曲贝替定，它的有效成分就是从加勒比海鞘分离得到的，但在海鞘中的含量非常低，仅为 1/1 000 000。也就是说每获得 1 克的曲贝替定就需要 1 000 千克的加勒比海鞘，而开发成为药物的过程中需要上千克的药物进行研究，单靠自然采样远远不能满足药物研究的需求，靠传统的捕捞海鞘进行抗癌药物开发的这条路走不通。因此开发海洋药物的首要任务就是寻找更优的海洋生物资源。

有没有比海洋动植物更优的海洋生物资源呢？那就是海洋微生物。

从加勒比海鞘到曲贝替定

加勒比海鞘
1 000 千克

萃取

分离

曲贝替定
1 克

海洋中生活着数目众多的海洋微生物，且在同一区域内生活着不同的种类。由于海水中营养有限，势必会造成同一区域不同种的海洋微生物之间存在种间生存竞争。其中，有些微生物为了在竞争中保持优势，进化出独特的“武器”——产生能够杀死或者干扰潜在的竞争者的有机小分子物质。经研究发现，这些有机小分子物质通常具有抗菌、抗病毒或者抗肿瘤等生物活性，这使其成为海洋新药发现的物质基础。因此，海洋微生物也顺理成章地成为海洋药物开发的重要资源。

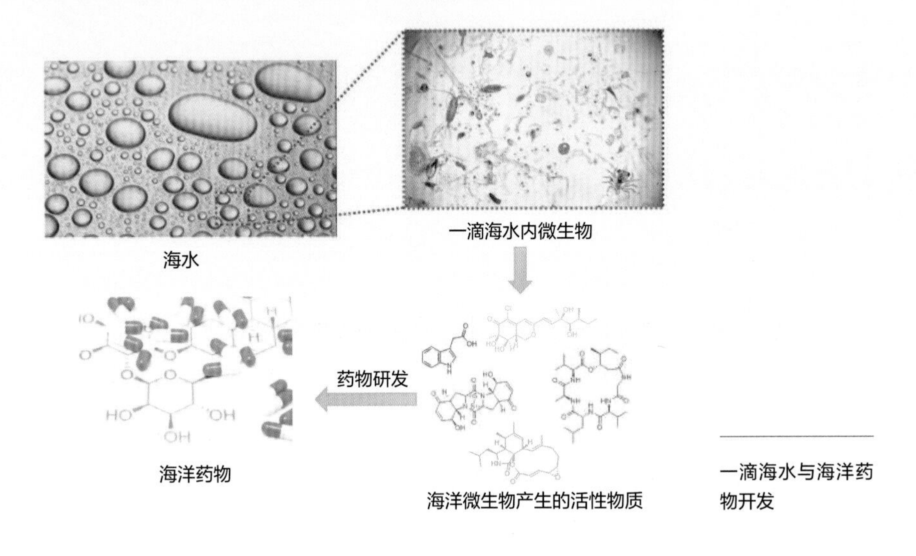

一滴海水与海洋药物开发

海洋微生物作为海洋药物开发资源具有哪些优势呢？首先，海洋微生物数目众多且物种丰富。丰富的物种资源意味着基因的多样性，显示了其产生丰富有机物质的可能性，也从侧面说明了海洋微生物作为海洋药物资源开发的巨大潜质。其次，海洋微生物具有繁殖快和耗能小的优点。通常海洋微生物从开始培养到收获，仅仅需要两到三周的时间，远低于海洋动植物的收获时间。海洋微生物所需要的能量小且不“挑食”，可以利用常规的微生物培养基进行培养，而海洋动植物通常需要专一的食物或者营养液。再次，海洋微生物易于进行实验室或者工厂化培养。我们知道海洋动植物对生存的生活环境（如海水温度、盐度、深度）有着严格的要求，这使得绝大多数的海洋动植物没有办法人工养殖。另外，由于离开了其复杂的生存环境，海洋动植物产生有机小分子物质的能力会大大下降或者干脆完全丧失，所以大多数海洋动植物的获得只能依靠传统的野外采样。传统的野外采样通常需要大量的时间和经济成本，并且考虑到生态环境保护因素不能够大规模采样。而海洋微生物可以很容易地大规模人工培养，从而避免了大规模野外采样造成的生态破坏，也节约了时间和经济成本。最后，还可以通过现代基因编辑技术手段对海洋微生物进行“定制”，获得能够高效生产目标药物的人工改造后的微生物。因此，海洋微生物取代海洋动植物成为现代海洋药物开发的重要资源。

海洋微生物与海洋药物开发的成功范例

致病性微生物主要是病毒、细菌及真菌等类群的微生物。致病性微生物侵入人体，可引发一系列感染性疾病。例如，伤寒是伤寒沙门氏菌侵入人体引起的急性传染性疾病，2019 年冬天大暴发的新型冠状病毒感染是新型冠状病毒感染导致的炎症性疾病。

尽管致病性微生物无所不在，但“一山更比一山高”，人类拥有强大的免疫系统，它们像卫士一样无时无刻不在抵御着致病性微生物的入侵，从而保障我们的身体健康。当我们误食含有致病性微生物的食物或水时，常常就会生病，很多时候需要在医生的指导下服用抗生素。其中，最重要的一类就是头孢类抗生素。头孢类抗生素就是利用海洋微生物枝顶孢菌产生的有机小分子物质成功开发的海洋药物。截至目前，头孢类药物已经发展到了第五代，共有 50 多种，而且还在不断发展。关于枝顶孢菌的药物开发研究，开创了海洋微生物用于开发海洋药物的先河，大大激励了海洋微生物的海洋药物开发，也涌现了许多海洋微生物开发的药物实例，例如，目前正在进行最后阶段试验的抗癌药物普那布林和马里佐米，分别来源于海洋曲霉菌和海洋放线菌。

未来海洋微生物与海洋药物开发路在何方

目前海洋微生物成功开发出海洋药物的还不多，但是其潜质不容忽视。

首先，人类对地球上的大多数海洋微生物还知之甚少，尤其是两极和深海海域的微生物，甚至大多数的海洋微生物还没有被发现，人类对于微生物资源的挖掘依赖于海洋微生物的培养。其次，随着微生物药物资源的广泛筛查，易于被筛选、提纯的药物经常被重复发现，浪费了大量的时间和金钱。随着现代科学技术的发展，尤其是基因工程技术的进步，我们已经可以对新发现的微生物进行快速鉴定，通过它的 DNA 和现有的微生物 DNA 进行比较，看看它属于哪一家族，并和其家族成员进行对比就可以预测出它将会产生什么物质，从而避免已知物质的重复发现，进而能够大大加快新物质的发现。最后，海洋微生物发现的目的性不够明确。随着生物工程技术的日趋成熟，不久的将来可以把原来只能在海洋动植物，甚至陆地生物体内才能产生的物质，通过对海洋微生物进行“定制”来生产，以解决海洋药物开发中原料来源的问题。

虽然说现在源于海洋微生物的药物开发还仅仅是起步阶段，未来还有很长的路要走，但从海洋微生物发现海洋药物的优势决定了海洋微生物资源是未来药物开发的主要资源。未来药物开发的趋势必然是向海洋深处延伸，从那里发现新的微生物，挖掘新型的化合物。

海洋微生物与海洋材料开发

无处不在的海洋微生物会对海洋工程材料造成严重的腐蚀与生物污损，每年造成近万亿的经济损失和30%以上海中航行的能源浪费，已成为制约海洋工程与装备发展的瓶颈。为减轻其危害，人们所研发的海洋防腐防污新材料有哪些呢？

海洋微生物与腐蚀

什么是海洋微生物腐蚀？

腐蚀是一种常见的自然现象，比如小区围墙上被锈蚀的铁栅栏、锈迹斑斑的自行车。海洋微生物腐蚀就是由海洋微生物及其生命活动引起或加速的腐蚀。长期在海底的沉船被海盐慢慢腐蚀，海洋微生物也在“吞噬”沉船，加速它的消失。

海洋微生物腐蚀是如何形成的？

细菌为了在生长过程中适应生存环境，便集群而居，形成了膜状物质，即生物被膜。这些微生物为生存而形成的生物被膜是海洋微生物腐蚀的罪魁祸首。在 1980 年之前，很难在书籍上找到“生物被膜”这个词语。直到比尔·科斯特顿教授领导的研究小组对生物被膜的形成过程及其后续影响进行了首次跨学科研究，人们才逐渐意识到生物被膜的存在。生物被膜就是由微生物、细胞外聚合物等不断积累所形成的具有一定厚度的薄膜。

生物被膜在海洋微生物腐蚀过程中起着非常重要的作用，其各个阶段的形成和发展情况如下：初始吸附膜的形成—浮游微生物的不可逆附着—生物被膜的成熟阶段—微生物腐蚀发生—生物被膜的部分剥离。生物被膜形成的初始阶段是先在材料表面形成初始吸附膜（20 ~ 80 纳米厚），该吸附膜可以改变材料表面的静电荷和润湿性，从而有利于微生物进一步定植，持久牢固地附着在材料表面。然后浮游微生物借助生物与非生物表面的弱相互作用（范德瓦斯力）快速附着到材料的表面，转变为固着微生物，由可逆附着到不可逆附着。随着微生物菌落的生长、胞外多聚物的产生、代谢物以及腐蚀产物等的不断沉积黏附，材料表面形成了稳定的生物被膜并开始引起腐蚀。生物被膜在不断累积，提高了材料表面的不均匀性（粗糙度），生物被膜进一步达到成熟阶段。随后，因为流体的某些相互作用力等的影响，生物被膜的稳定性下降，从而引起部分微生物膜层的剥离。

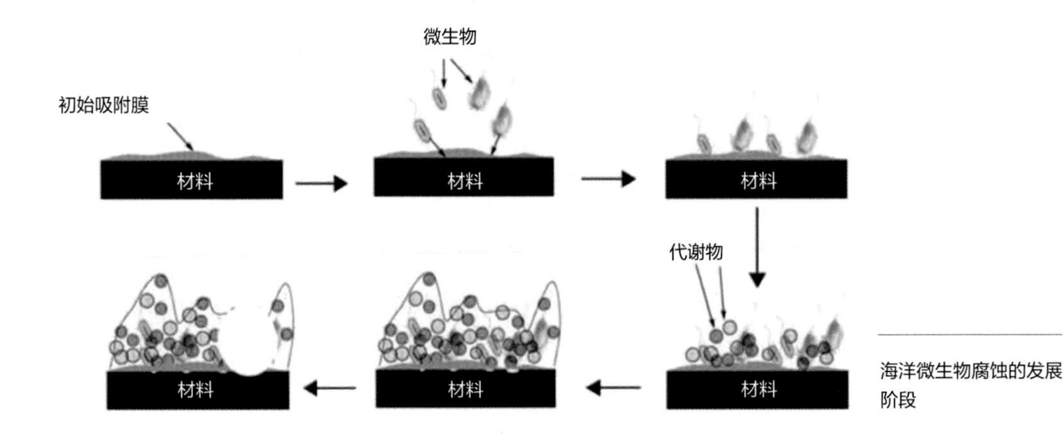

海洋微生物腐蚀的发展阶段

海洋微生物腐蚀的危害都有哪些?

据估计，2014 年中国腐蚀成本约为 21 278.2 亿元，相当于腐蚀一年便可“偷走”我们约 3.34% 的 GDP，可怕的是目前这个数字还在逐年递增。在所有的腐蚀损失中，微生物腐蚀所造成的损失约占 20%。与微生物有关的生物腐蚀问题在自然界中普遍存在，是造成腐蚀破坏、设施故障、经济损失以及安全隐患的主要原因。

面对海洋微生物腐蚀所带来的潜在威胁，“预知控腐”是关键。腐蚀的发生并不是不可控制的，是可以通过科普宣传、科学研究应用来降低损耗、减少经济损失的。研究表明，采取适当的减缓腐蚀措施，可以避免 15% ~ 35% 的腐蚀费用，这意味着仅在中国，每年就可以避免 7 000 多亿元的腐蚀相关费用。每年的 4 月 24 日是世界腐蚀日。我们要重视海洋微生物腐蚀问题，用科学的武器应对海洋微生物腐蚀。

海洋微生物腐蚀防护新材料研发

为了预防和控制船舶和海洋工程结构失效，避免或减缓微生物腐蚀发生，除了结构本身采用传统耐腐蚀材料之外，化学杀菌以及使用防腐涂料是主要的控制方法。这几种控制措施主要通过降低微生物生长活性和抑制微生物黏附在材料表面来实现。

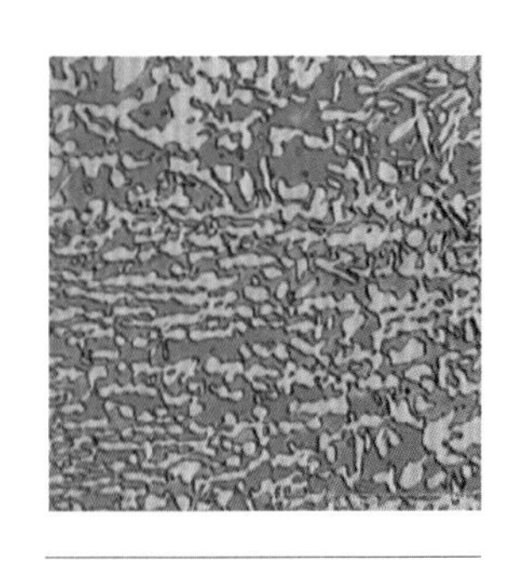

新型耐微生物腐蚀双相不锈钢微观结构图

日新月异的耐腐蚀材料

当选择海洋工程材料时，应该考虑到所选用的材料要具有良好的耐蚀性，尽量选用抗点蚀、缝隙腐蚀以及其他局部腐蚀的合金材料。东北大学徐大可教授团队所研发的 2205 含铜不锈钢，对多种海洋微生物表现出很好的耐蚀特性。

简便有效的杀菌剂

杀菌剂是最简便而又行之有效的控制微生物腐蚀的方法。杀菌剂是能够杀死微生物或抑制微生物生长的化学药剂，可以是无机的，如氯、臭氧、溴等，也可以是有机的，包括异噻唑酮类、醛类，如戊二醛和丙烯醛。目前常用的杀菌剂按其功能和作用机制可以分为氧化性和非氧化性杀菌剂。最常见的氧化性杀菌剂是氯、溴、臭氧和过氧化氢。使用氧化性杀菌剂时，必须避免这些物质的负面影响：与使用的其他化学品（即阻垢剂和腐蚀抑制剂）的相互作用；可能导致结构金属腐蚀；可能对非金属部件（塑料、木材）造成损害；等等。使用前应该仔细评估这些负面影响，同时考虑到杀菌剂的氧化力。非氧化性杀菌剂具有更大的持久性，也不用考虑环境的酸碱度（pH），可能比氧化性杀菌剂更有效。通常，氧化性杀菌剂和非氧化性杀菌剂的组合可以很好地控制微生物的腐蚀。

最佳解决方案之防腐涂料

防腐涂料是防止海洋微生物腐蚀的最佳解决方案之一，因此涂料的成分变得越来越重要。环氧树脂是一种非常好的用于防止海洋微生物腐蚀的涂层材料。由于生产及使用中可能对环境造成污染，研究人员被迫寻找合适替代品。环氧树脂的原料来源可以被植物油或动物油等生物油取代，从而产生生物基环氧树脂。与环氧树脂相比，生物基环氧树脂具有可生物降解、毒性更小、易于加工等优点。生物基环氧涂层可以有效地用于保护金属表面免受腐蚀，可用于高效的防腐涂层的开发。我们常见的棉籽、大麻籽、油菜籽和亚麻籽都可以用来制备生物基环氧树脂，它们都很容易获得、价格低廉、毒性较小并且可以生物降解。尽管需求不断增长，但生物基环氧涂料的产量非常有限，目前尚未大规模生产。

防腐涂料不仅有缓蚀效果，还同时表现出防污、抗菌活性，以确保长

技术人员正在喷涂防腐涂料

期的稳定性。然而目前，许多防腐涂层对环境造成了一定的损害，因此未来海洋中防腐涂料的发展方向是环保、节能、省资源、高性能和功能化。

海洋微生物与海洋生物污损

什么是海洋生物污损?

海洋蕴藏着不可估量的资源，探索海洋已成为许多国家的战略发展目标，对全球经济发展、社会文明进步具有重要意义。作为海上运输和海洋勘探的重要组成部分，船舶、潜艇、海上平台和海上钻井等设施常浸于海水之中。在日积月累的亲密接触中，海洋生物逐渐在海洋结构物表面附着、定殖、生长进而腐蚀结构物，这一现象称为海洋生物污损。

据统计，在全球范围内，已有 4 000 多种海洋物种被确定为海洋污损生物。一般它们在开始时生长迅速，但几年后生长速度会逐渐减慢。在大

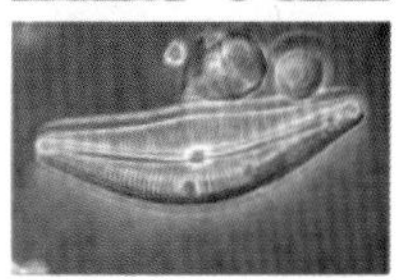

典型的海洋污损生物

多数情况下，几种类型的污损生物群落位于结构物的表面。不同地区的海洋环境在温度、盐度、pH 等方面差异很大，主要的污损生物也不同。

海洋生物污损对海上运输以及海洋资源的开发和利用具有许多不利影响，例如，被污损的船体变得粗糙，导致船舶摩擦力、阻力增加或腐蚀，从而降低速度并增大燃料消耗。据报道，船体污损对中型海军舰艇的整体经济影响估计每年约为 5 600 万美元。定殖在船舶上的海洋生物也可能通过船舶运输被引入新的环境中，很有可能导致当地生态系统的破坏。经常清洁船体可以减少海洋生物污损，但同时会增加时间和金钱的成本。海洋生物污损也会减少海洋牧场的产量，甚至可能导致那里的鱼和虾等大量死亡。根据一项不完整的调查，海洋生物污损的全球经济成本每年高达数百亿美元。随着海运业的发展和人类在海洋中的活动增加，海洋生物污损引起了越来越多的关注。

海洋生物污损是如何形成的呢？

根据最广泛接受的理论，大多数海洋生物污损的过程主要包括以下四个阶段。

第一个阶段：基膜的形成。当人工设备浸入海水中几分钟时，海水中的多糖、蛋白质和一些无机化合物等通过范德瓦斯力、氢键和静电等相互作用力沉积在材料表面，形成基膜。

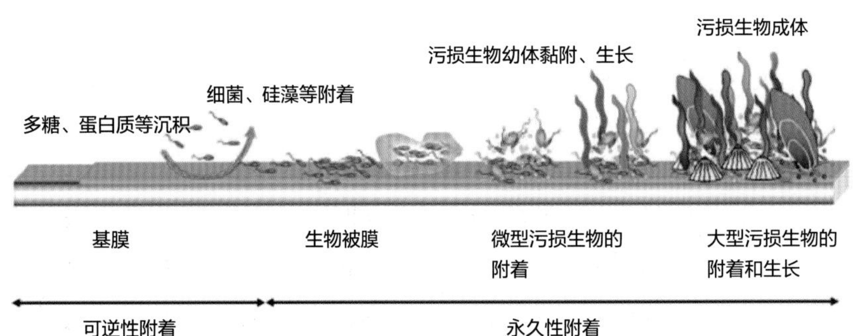

海洋生物污损的过程

第二个阶段：生物被膜的初形成。细菌、硅藻和其他微生物聚集在基膜上，分泌胞外代谢产物形成生物被膜。

第三个阶段：微型污损生物群落的形成。生物被膜为硅藻孢子等微型多细胞污损生物提供了良好的生活条件，因此其表面在几天内就会覆盖有黏液层。这些污损生物不断繁殖生长，形成微型污损生物群落。

第四个阶段：大型污损生物群落的生成。最后，各种各样的大型污损生物，如藤壶、贻贝、苔藓动物和大型藻类，将在表面附着和生长。

这个过程可以在一两个月完成，这些海洋污损生物可以覆盖人工设备表面数年。由于海洋环境的多样性和海洋生物的复杂习性，并非所有海洋污损生物附着都经过上述的所有过程。例如，藤壶可以在没有生物被膜存在的情况下附着在一些海洋装备材料的表面。

海洋防污新材料开发

那怎么去防治海洋生物污损呢？目前常用的方法主要有四种，包括机械去除方法、电化学方法、超声波法和使用防污涂料的方法。机械去除方法是定期使用工具擦洗掉污损的生物。电化学方法是电解海水以产生具有防污活性的次氯酸或金属氧化物。超声波法是利用高频声波杀死微生物。这三种方法由于成本高、效率差，应用范围小。因此，操作简单、低成本和高效率的使用防污涂料的方法脱颖而出。在 20 世纪 70 年代，三丁基锡是最成功的船用防污涂料。但是 20 世纪 80 年代时，研究人员发现三丁基锡是高度致癌的，由于它的分解释放，锡在海洋环境中长期大

机械去除海洋生物污损

量积聚，使得许多海洋生物细胞的遗传功能变异，甚至还可以通过食物链进入人体，危及人类的健康。为此，国际海事组织委员会决定自从 2008 年 1 月 1 日起禁止船舶采用三丁基锡用作船舶海洋防护涂层中的主要防污剂。目前海洋防污涂料一般分为化学防污涂料、物理防污涂料和新型防污涂料。

化学防污涂料

化学防污涂料主要是指添加有防污剂的涂料。这些涂料易于施工、效益高，因此目前占据了大部分的防污涂料市场。这些涂料主要由树脂、防污剂、溶剂、填料和附加辅助材料组成。在 2008 年被完全禁止的三丁基锡就是化学防污涂料。此后，铜基化合物、天然产物防污剂等一些环保型防污剂受到研究人员的青睐。

物理防污涂料

物理防污涂料分为污垢释放防污涂料和耐污垢防污涂料。污垢释放防污涂料具有较低的表面能，即使生物体黏附在表面上，由于附着力差，在航行时它们也会被冲走，从而在没有防污剂帮助的情况下达到防污的效果。耐污垢防污涂料是指能够抑制和阻止海洋生物黏附和生长的材料。这种类型的涂层中主要含有聚乙二醇、水凝胶等，它们都对蛋白质、芽孢杆菌以及藤壶幼虫等有着极为优异的抗性。

新型防污涂料

新型防污涂料包括新型复合涂层和光催化防污涂层。新型复合涂层中掺入了一些防污剂，使其具有优良的超疏水性、自洁效果和低表面能等优点，从而对海洋生物具有一定的抑制作用。光催化防污涂层在可见光照射下产生的自由基对污染物的降解和杀菌有很好的效果。虽然光催化技术有一定的进步，但总体上仍处于实验阶段，尚未达到产业规模。

人类在探索海洋的过程中遇到的海洋污损问题每年都会造成巨大的经济损失，而防污涂料是目前防止海洋生物污损的最有效方法。随着人们环保意识的逐步增强，船用防污涂料正朝着防污能力强、工艺简单、安全环保的方向发展。因此，未来海洋防污技术的研究趋势将主要集中在以下几个方面。首先，船用防污涂料向环保、无毒的方向发展。因此，必须深入研究防污涂料的潜在生态毒性，消除有害的防污涂料。其次，近年来纳米复合防污涂料也日益引起人们重视，具备了多种复合防污技术无可比拟的优势。它还显著提高了涂料结构中的纳米粒子结构的化学稳定性，提高了涂料结构的物理机械性能、耐水性、耐磨强度以及防污性能。纳米复合防污涂料为未来新型船用防污涂料的研究提供了新的途径。总体而言，单一防污材料很难满足不同场合的需求。在今后的研究中，防污材料的设计应结合多种机制，未来研究的重点将是整合多种方法提升防污能力。

海洋微生物与海洋能源开发

海洋微生物与海洋能源开发同样息息相关。海底石油是海洋能源的重要组成部分，在海底石油生成过程中，海洋微生物扮演着举足轻重的作用。此外，海洋微生物还对海洋新能源的开发利用起着关键作用。

海洋微生物与石油

石油是一种化石燃料，在我们的日常生活中发挥着重要作用。衣食住行，样样离不开石油——你身上所穿的衣服原材料有它，马路的建造和出行时的交通工具离不开它，甚至护肤品中也可能有它……

那么石油又是如何形成的呢？海洋微生物又和石油的形成有着什么样的联系呢？

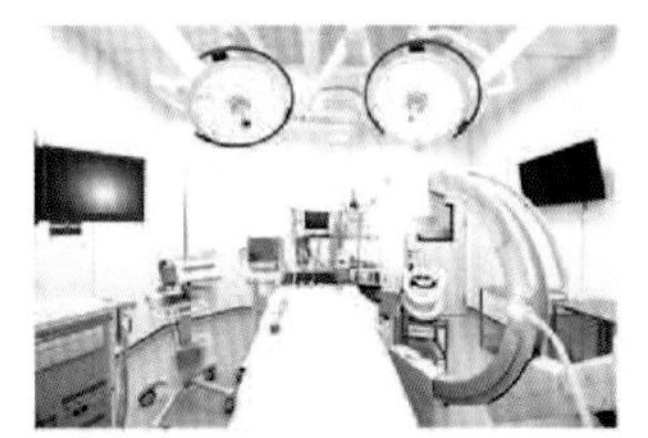

医疗器械

石油化工

机械加工

航空航天

发热元件

光伏新能源

石油的用途

石油

早期海洋中石油的形成

在学界，对于石油形成的认识有生物沉积变油和石化油两种学说。生物沉积变油学说认为石油是古代海洋或湖泊中的生物经过漫长的演化形成，不可再生；石化油学说则认为石油是由地壳内本身的碳生成，与生物无关，可再生。从目前不断发现的自然界证据来看，生物沉积变油学说更具有说服力。那么早期的海底世界是如何形成石油的呢？

海洋微生物自己变成石油

海洋微生物主要由蛋白质、脂肪以及碳水化合物组成，这些都是形成石油的原材料。海洋微生物存在于现代地球的沉积层中，有些沉积物的微生物含量甚至达到了总体质量的 1%，沉积物中的总有机碳有一半来源于微生物。有机碳沉积环境有两种：一种是有氧沉积环境，另一种是缺氧沉积环境。科学家发现在缺氧沉积环境下更有利于有机碳的沉积，也就是说更有利于石油的形成。在地球的不断演变中，一共发生过五次生物大灭绝事件，其中微生物随着地壳的演变被转移到了海底地层，沉积在海底岩石上，经过很长时间演变成了石油。

海洋微生物促进沉积于海底的有机物转化为石油

海洋微生物对海洋中的有机物转化为石油有着很好的促进作用。海洋微生物能够促进海底有机物的降解，并将其转化为烃，进而形成石油。在地质历史中生物演化速度相对较慢的时期，海洋微生物有能力让有机物直接转化为石油。研究发现，海洋沉积物经过海洋微生物的作用后，产烃量大大增加。

海洋微生物对有机物的“催熟”和改造

有机物向石油的转变并不是一蹴而就的，它需要达到一些指标，而海洋微生物在其中发挥的作用就是让它更快地“成熟”，达到指标。此外，一些早期海洋微生物被发现是靠石油中的烃类生存，其活动减少了石油中的烃类组分和湿气组分，增加了石油的密度、黏度等。

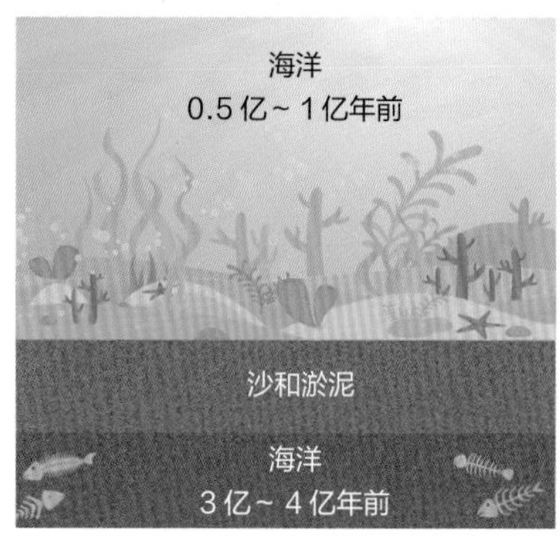

石油的形成

海洋微生物燃料电池

近年来，人类社会在飞速发展的同时，也面临着环境污染越来越严重、传统化石能源未来可能枯竭等一系列问题，这促使人们寻找绿色清洁的新型能源。经过不懈的努力，已经有很多能源被开发出并投入使用，如风能、潮汐能、太阳能等。而仍然有很多能源隐藏在不为人知的地方等待我们的发现。海洋，约占地球 71% 的表面积，蕴含着数不清的能源财富，但是如何利用海洋资源仍然是科学家孜孜以求的课题。

微生物燃料电池

生活中常用的干电池是由内部发生的氧化反应和还原反应来释放能量的，也就是把化学能转化成电能。微生物燃料电池则是借助一些微生物的生命活动，通过有机物分解来产生电能，这本身其实也是把化学能转化成电能，只不过所用的方法让人“耳目一新”。微生物燃料电池这一构想最早是在 1910 年由英国植物学家马克・皮特提出的。他把大肠杆菌或酵母菌放到培养液中，然后用铂金属棒做电极，成功制造出世界上第一个细菌电池。

微生物燃料电池的原理是依赖特殊的产电微生物降解有机物，并将其

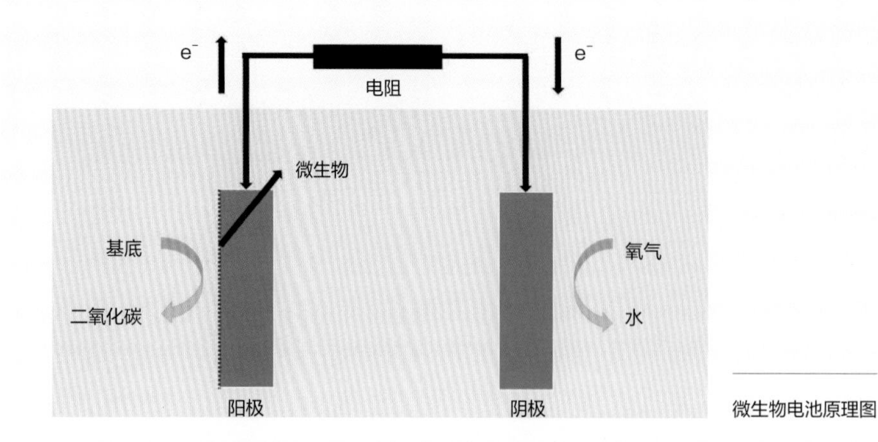

微生物电池原理图

中的化学能转化为电能。具体过程如下：在厌氧环境下电池阳极的微生物进行能量转换，释放出电子、质子。生成的电子通过外部电路从阳极输往阴极，而质子则通过质子交换膜到达阴极。最后电子、质子在阴极再与附近富集的氧气发生反应，生成水或是过氧化氢。

通过这样一个过程，利用微生物降解了有机物，并获得了持续的电能。当所处环境在海底时，海洋微生物燃料电池则有了新的优势，因为海底沉积物如海底淤泥，富含了许多有机物，且已经是厌氧环境，如果把阳极置于海泥中，阴极置于水中，当放入产电微生物时，无须质子交换膜便可产电。海水中的溶解氧和海底淤泥中的有机物是天然的，并且可以得到自然的持续补充。

海洋微生物燃料电池能干什么？

海洋微生物燃料电池最大的特点是清洁和可持续。它只需电池装置以及产电微生物，以海底淤泥等沉积物为原料，产物一般是水，不会对环境造成污染。虽然基于广大海底的沉积物让海洋微生物燃料电池有了持续供电的优点，但是目前的技术条件下，产出的电量和电压等都比较小，不能满足大型仪器的使用需求。而一些传感器如温度传感器、盐度传感器等小型仪器，由于所需电量较小，且只需要定期监测信息并发送出去，不需要持续供电，这些特点让海洋微生物燃料电池有了应用前景。传统海洋传感器使用电池，需要定期更换，且如果传感器位于远海或是海况恶劣区域，更换电池非常麻烦且昂贵，此外传统电池还伴随着污染的风险。如果使用海洋微生物燃料电池，无须更换电池就可以让传感器长期工作，省去了后续工作还保护了环境，因此，海底沉积物微生物发电技术的发展未来可期。

除此之外，也有不少研究者转换思路，利用海洋微生物燃料电池发电过程对有机物的降解能力，将其用于污水处理和土壤修复。传统的污水处理过程复杂且成本高昂，有的人便为了节省成本而不进行污水处理，违法排放。基于海洋微生物燃料电池低成本的污水处理和生物修复功能，或许可以大规模发展海洋微生物燃料电池来净化污水。

海洋微生物太阳能电池

海洋约占地球表面积的71%，受到阳光的照射，能吸收非常多的光能，这是一种来自大自然的清洁、绿色的能源。人类通过运用不同的技术手段，可以将光能转化成电能、热能等其他形式的能量，这就使海洋犹如一个巨大的太阳能转换器。而在海洋中，微生物的生物量占90%，海洋微生物生态系统可视为一个巨大的由太阳能充电的电池。

什么是海洋微生物太阳能电池？

微生物太阳能电池是一种新型的生物技术，将光合作用和电化学活性生物相结合，产生氢气、甲烷和过氧化氢等。微生物太阳能电池的研究建立在电化学活性细菌的发现和微生物燃料电池的发展之上。

海洋微生物太阳能电池最早在20世纪60年代提出，主要通过藻类等生物体产生的有机物，利用太阳能直接产生可再生能源。

然而并不是所有的海洋微生物都可以将太阳能转化为电能，比较常见的能够进行光合作用的微生物是微藻，它们通过捕获太阳能，将二氧化碳

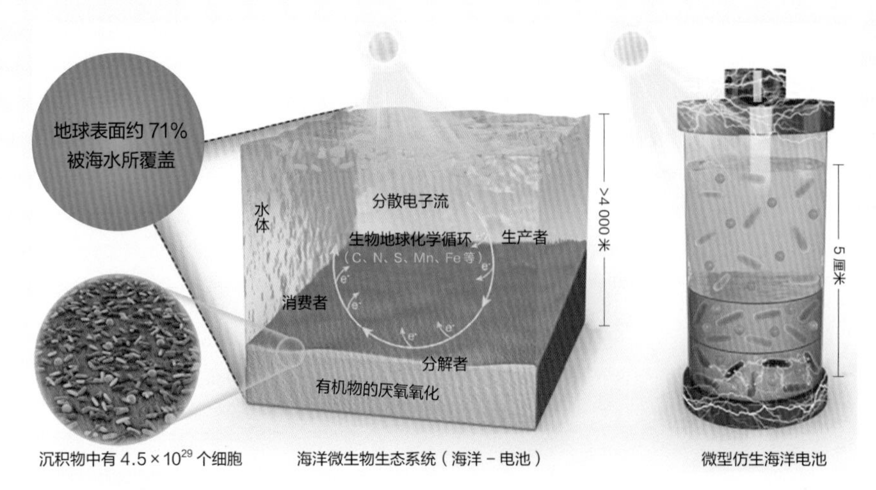

海洋微生物生态系统及微型仿生海洋电池

和水转化为氧气和碳水化合物，并且释放电子和质子。这些微生物光合作用的机制在许多方面与陆地植物的光合作用非常相似，在电池中起着催化剂的作用。

在微生物燃料电池中，微生物氧化有机化合物并将电子传递到阳极，然后使用特定的收集器使电子流向阴极来还原氧气。在海洋微生物太阳能电池中，海洋光合微生物利用阳光产生有机物，这些有机物中的化学能转化为电能。

海洋微生物太阳能电池有哪些优势、用处？

由于工作环境的复杂性，许多小型设备，如无线传感器、通信器、探测器，在实际工作中往往面临储电量不足、充电困难、电池容易损坏且不易维修等问题。传统的电池或者储存能量的小型设备，由于其有限的能量存量和大尺寸，在实际应用中常常受到限制。即使是新兴的小型化储能设备，例如，生活中常见的超级电容器和锂离子电池，由于其频繁的充电要求，也无法成为独立和长期可持续的供电设备。

最近，新兴的能量收集技术让人们看到了实现自供电、长寿命传感器这一长期愿景的希望。海洋微生物太阳能电池是一种新型的生物发电技术，可以通过使用地球上最丰富的资源，即太阳能、水和二氧化碳，不断从微生物的光合作用中获取能量。即使在太阳光线较弱的情况下，海洋微生物太阳能电池也可以从微生物的呼吸作用中获取电力。因此，海洋微生物太阳能电池展现出了巨大的潜力和前景，可以成为无人值守工作环境中小型和低功耗传感器设备的最可行电源。

海洋微生物太阳能电池目前发展状况和未来展望

海洋微生物太阳能电池利用蓝细菌等光合微生物，可以在没有额外有机物的情况下连续地利用太阳能发电，因为光合反应吸收的光能会分解水并产生氧气、质子和电子。海洋微生物太阳能电池仅需要阳光、水和二氧化碳就可运行，相比当前的微生物燃料电池或化学燃料电池具有很大的优势。但目前的海洋微生物太阳能电池设备的尺寸过于庞大，如何将电池小型化是目前还难以解决的问题，如何实现从实验室规模扩大到工业规模是一个巨大的挑战。另外，在实现实际应用方面仍然存在几个主要挑战，包括能量转换效率、制造和运营成本以及器件的扩展性和设计性。

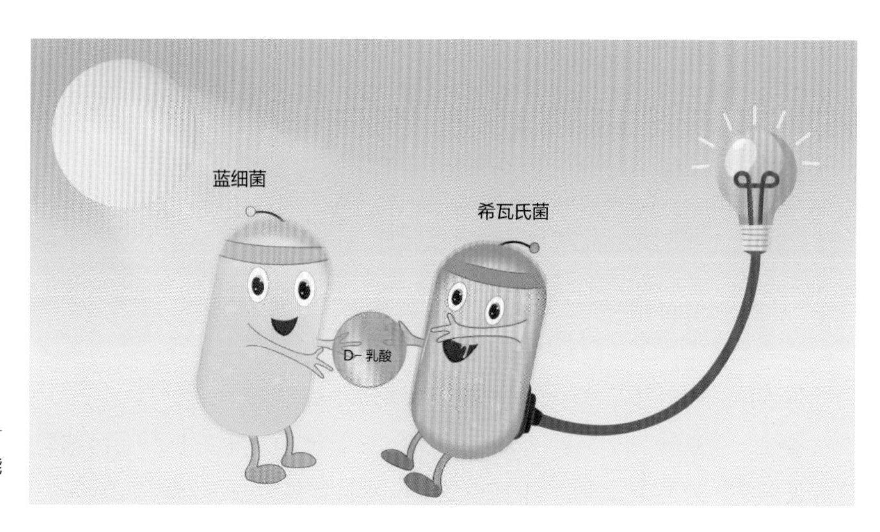

海洋微生物太阳能电池的工作过程

海洋微生物与海水养殖

海洋微生物在自然界及人类的生产、生活中有很重要的作用。但是某些微生物可以引起人类的疾病，还有许多微生物可以引起海洋生物的疾病，导致养殖动物大规模死亡，对海水养殖业造成巨大的破坏。

海洋微生物对海水养殖的破坏

令人骇然的细菌

引起水产动物疾病的细菌多为机会致病菌，有的既可营寄生生活又可营腐生生活，对水域环境有广泛的适应性，正常条件下不表现致病性。如果环境不利于水产动物或其防御屏障受损，这些机会致病菌就可侵袭机体，导致疾病流行或发生。

东海岛对虾养殖基地

鳗弧菌

鳗弧菌为有鞭毛的革兰氏阴性菌，广泛分布于沿岸海洋沉积物和海洋动物中。

鳗弧菌是第一个从海水鱼中分离的致病菌，是最有代表性的鱼类致病弧菌。鳗弧菌主要感染鲑、虹鳟、河鳟、日本鳗鲡、鲽鱼、白斑狗鱼等。鳗弧菌主要通过消化道和受伤的皮肤侵染海洋动物。通过皮肤感染时，首先引起感染部位的局部皮肤坏死或溃疡，随后侵入皮下和肌肉组织，通过血管迅速扩散至其他组织或器官，最终引起败血症。经肠胃感染时，首先引起肠炎，进一步通过肠道进入其他器官，导致多个组织呈现弥漫状或点状出血。

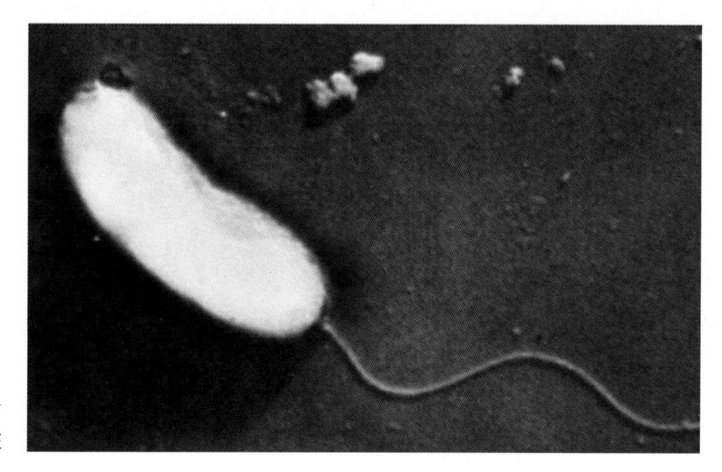

电镜下鳗弧菌的形态特征

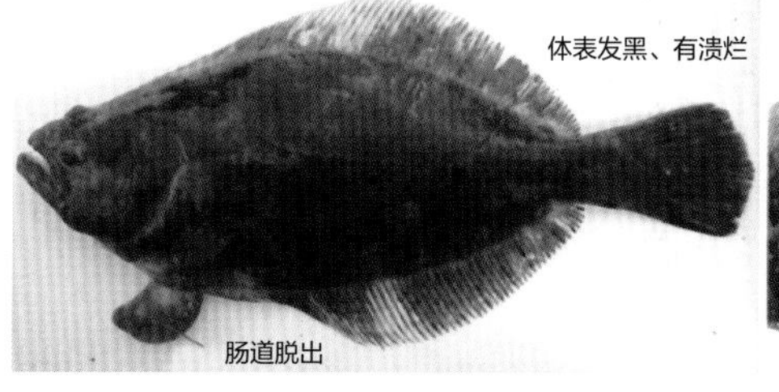

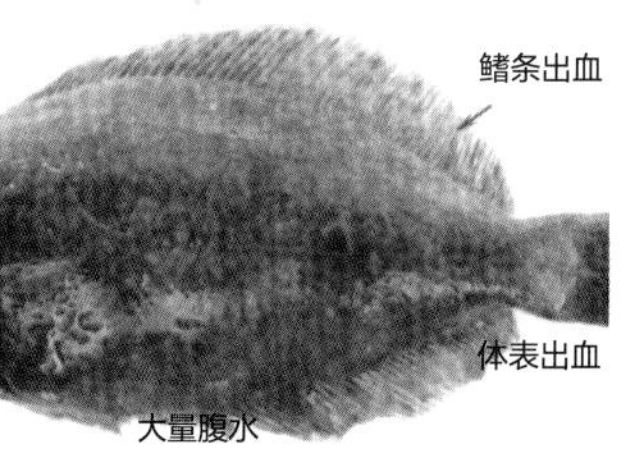

感染鳗弧菌的牙鲆（王洋等，2016）

气单胞菌属

气单胞菌属菌体形状从具有圆端的直杆状到接近球状，直径 0.3 ~ 1.0 微米，革兰氏阴性菌，通常以一根极生鞭毛运动。重要的病原菌有杀鲑气单胞菌、嗜水气单胞菌、豚鼠气单胞菌、温和气单胞菌等。它们广泛存在于自然界。

嗜水气单胞菌为气单胞菌属的模式种，可造成宿主全身或局部免疫防御功能减退，并引起败血症。该菌主要通过肠道感染，在鱼体受伤或寄生虫感染的条件下，还可经皮肤和鳃感染。嗜水气单胞菌对鱼类、两栖类等具有致病性，可引起鳗鲡的赤鳍病等，还可导致鲑鳟等鱼类的败血症。

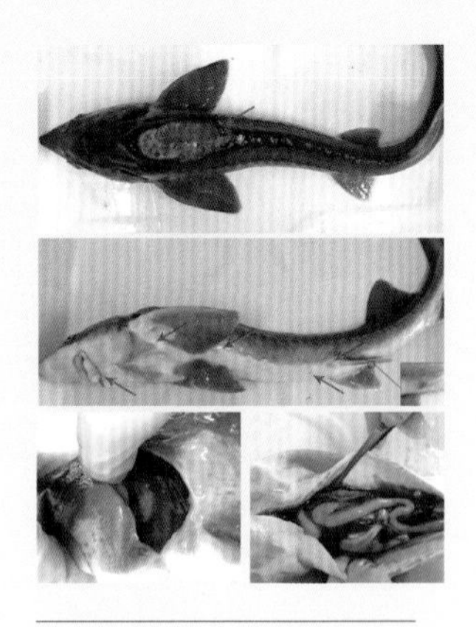

嗜水气单胞菌感染的西伯利亚鲟
（Serik Bakiyev 等，2022）

链球菌属

链球菌属菌体呈球形或卵形，直径通常小于 2 微米，革兰氏阳性菌，常排列成链状。该菌对多种海水鱼和淡水鱼都具有致病性，易感染鳗鲡、虹鳟、鲷、川鲽等。病鱼主要表现为败血症，全身各脏器出血，脑、心脏、鳃、尾柄等部位有化脓性炎症或肉芽肿样病变。

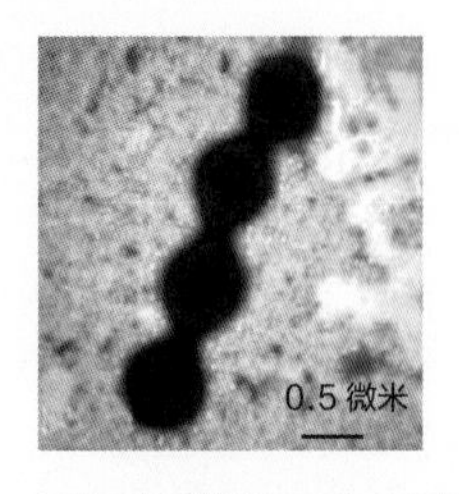

电镜下海豚链球菌的形态特征

爱德华氏菌属

爱德华氏菌属菌体为小直杆菌，直径约 1.0 微米，长 23.0 微米，革兰氏阴性菌。爱德华氏菌病首次在日本鳗鲡中发现，在多种养殖的淡水鱼和海水鱼中流行。该菌可感染虹鳟、黑鲷、鲻鱼、川鲽等。此菌可通过肠道或皮肤病灶侵入鱼体内，然后在肝脏或肾脏生长繁殖，诱发纤维素性化脓性炎症。侵害鱼肾脏时，肾脏肿大，肛门突出，肛门周围发红肿胀，肾脏的脓汁通过肛门排出。肝脏受侵时，则前腹部明显发红肿胀，腹壁穿孔。病灶随后转移到其他组织器官，最后导致病鱼患败血症而死。此外，病鱼的鳍和腹部常充血发红。

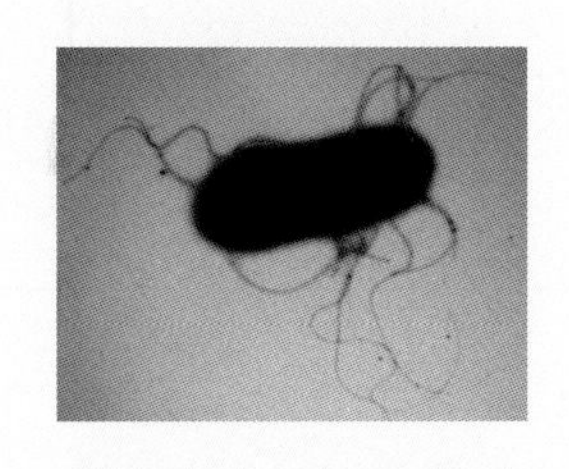

电镜下迟缓爱德华氏菌的形态特征

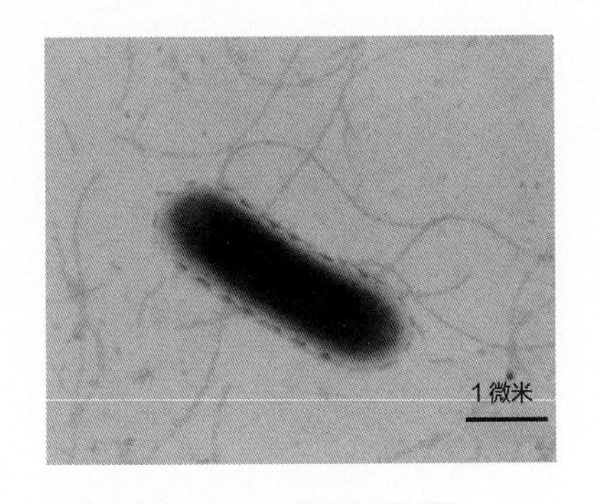

电镜下鲁克氏耶尔森氏菌的形态特征
（Li Shaowu 等，2013）

耶尔森氏菌属

耶尔森氏菌属菌体杆状或球状，直径 0.5 ~ 0.8 微米，长 1.0 ~ 3.0 微米，革兰氏阴性菌。鲁克氏耶尔森氏菌是耶尔森氏菌属中的主要致病菌，主要感染虹鳟、大西洋鲑、银大麻哈鱼、克氏鲑和大鳞大麻哈鱼，可导致亚急性和急性全身性传染病。主要症状是皮下出血，嘴和鳃盖骨发红，所以该病被称为红嘴病。此外，上下颌和腭部发炎糜烂，腹鳍、肠道和肌肉也往往出血，因此又被称为肠炎红嘴病。该菌同时也侵入其他脏器，引起炎症。该菌对鲑鳟养殖业可造成严重损失。

假单胞菌属

假单胞菌属菌体为直或微弯的杆菌，不呈螺旋状，（0.5 ~ 1.0）微米 ×（1.5 ~ 5.0）微米，革兰氏阴性菌。本属细菌在自然界中分布极广，土壤、淡水、海水、污水、动植物体表和黏膜等处均有存在，引起鱼类假单胞菌病的致病菌有荧光假单胞菌、鳗败血假单胞菌和恶臭假单胞菌等。荧光假单胞菌主要感染鲷、虹鳟、红点鲑等。细菌经伤口侵入皮肤组织，引起体表皮肤出血发炎、糜烂和溃疡。受害部位多在躯体两侧和腹部，以及鳍和鳃，鳍条间组织腐烂后形成蛀鳍。有时，鱼的肠道亦充血发炎。

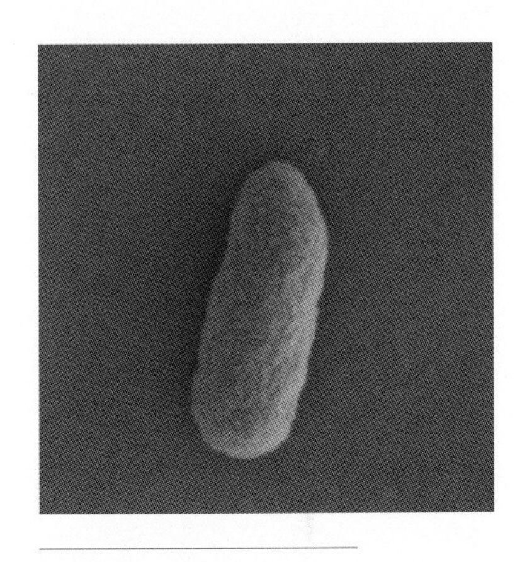

电镜下恶臭假单胞菌的形态特征
（Shen Huang 等，2022）

贻害无穷的真菌

水产动物病原真菌危害较大，可以危害水产动物的幼体和成体，也可以危害卵。危害海洋水产动物的真菌主要有镰刀菌、链壶菌、霍氏鱼醉菌等，传染来源既有外源性的也有内源性的。

镰刀菌属

镰刀菌主要感染日本对虾、中国对虾、罗氏沼虾和龙虾等甲壳动物。镰刀菌主要寄生在鳃组织内，也寄生在附肢基部、体表和眼球上。发病初期鳃、附肢、体表等部位出现浅黄色或红色斑块。随着病情发展，色斑变为浅褐色，鳃产生黑色素沉积，外观呈点状或丝状黑色素条纹，严重时为黑色并发生溃烂，故此病被称为“黑鳃病”。病虾呼吸机能受阻，体色转暗，活力差，游动缓慢、反应迟钝、摄食减少，最后静卧池底而死亡。致死率在90%以上。

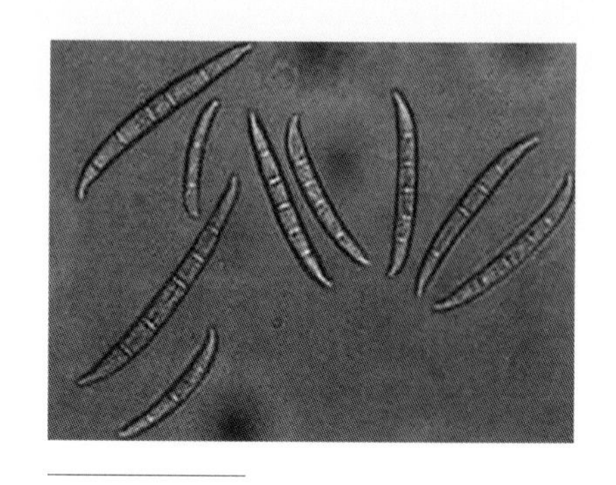

显微镜下的镰刀菌

链壶菌属

链壶菌主要危害对虾、龙虾、蟹等的卵和幼体，尤以虾的蚤状幼体期和糠虾期最为严重。一旦感染发病，如不及时治疗，13天内可使全池幼体死亡。受感染的幼体游动不活泼、不摄食、趋光性差，身体逐渐变成灰白色，体质衰弱，不久便会死亡。死亡后的幼体体表长出绒毛状的菌丝。被感染的卵体积变小，不透明。橘黄色的蟹卵感染后呈褐色；黑色或褐色的蟹卵感染后呈浅灰色。受感染的卵粒不能孵化。

霍氏鱼醉菌

霍氏鱼醉菌主要危害虹鳟、红点鲑、鳕、鲭、鲐等。霍氏鱼醉菌可寄生在肝、肾、脾、心脏、神经系统、胃、肠、生殖腺、

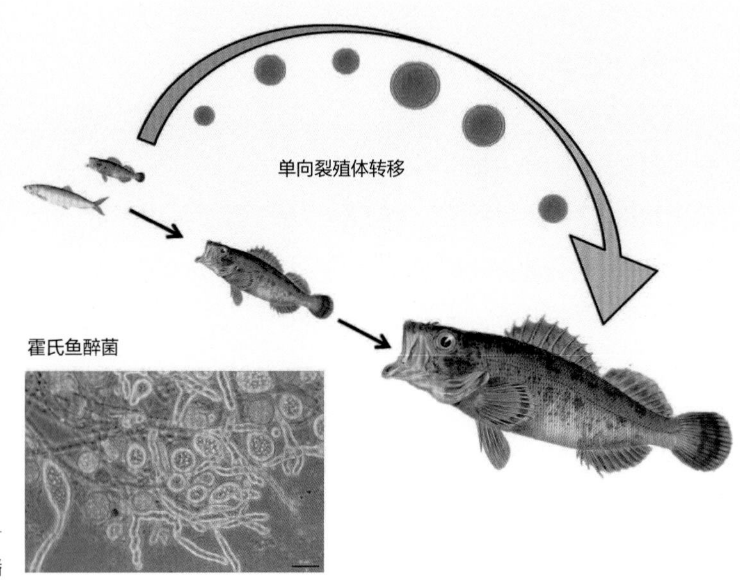

霍氏鱼醉菌通过食物链传播

肌肉和骨骼等处。当神经系统受侵袭时，病鱼失去平衡，游动摇晃，运动不正常，因此此病得名“醉酒病”。霍氏鱼醉菌侵袭肝时，可引起肝大，颜色变淡，并使周围组织急剧变化；侵袭生殖腺时，则会使鱼失去生殖能力。

小链接

水产动物真菌病防治

杀灭真菌的药物对机体有一定的毒副作用，真菌的抗体多数无抗感染作用，因此水产动物真菌病目前尚无十分有效的治疗方法，主要是进行预防和早期治疗。

养殖鱼发生真菌病时，可用漂白粉对养殖池进行彻底消毒。对发病池进行干池、暴晒及消毒处理，及时清除病鱼和死鱼，加强饲料管理，不用病鱼和死鱼作为饲料，防止病从口入。捕捞、运输及日常管理时应细心操作，尽量避免鱼体受到损伤。发病时注入新水可减轻或控制疫情。

凶猛来袭的病毒

近年来随着海水养殖高密度集约化程度的提高和有些养殖品种养殖年限的延长，主要养殖种类的病毒病发病率和死亡率都呈现上升趋势，给海水养殖带来的危害越来越大。水生动物病毒病通常发病快、死亡率高，潜伏期长短有异，一旦发病即无有效药物可治。

疱疹病毒科

鲑疱疹病毒隶属疱疹病毒科，主要感染虹鳟、红大麻哈鱼、麻苏大麻哈鱼、细鳞大麻哈鱼、银大麻哈鱼等鲑科鱼类。病鱼通常表现出体表糜烂、溃疡和肝脏出现白斑等特征性症状。流行时间为水温 6℃～14℃的 1 至 5 月。

虹彩病毒科

淋巴囊肿病毒隶属虹彩病毒科，可感染 100 多种海水鱼和淡水鱼。病毒感染会引起鱼类的一种典型的皮肤和浅表组织慢性病，该病的普遍症状是病鱼体表长有瘤状物，严重时内脏组织器官也出现病变。该病虽然通常不具有致死性，但使病鱼体质瘦弱、生长迟缓、外表异样而失去商品价值，给水产养殖业带来巨大的经济损失。

河鲀

许氏平鲉

感染淋巴囊肿病毒的河鲀、许氏平鲉

杆状病毒科

对虾杆状病毒隶属杆状病毒科，主要感染凡纳滨对虾等十几种对虾。被对虾杆状病毒感染的对虾摄饵减少，生长缓慢，在水面缓慢游动，身体微微发红，空肠空胃，部分病虾甲壳与肌肉容易分离。对虾幼体对该病毒最为敏感，死亡率可达 100%。

中肠腺坏死杆状病毒隶属本科，主要感染日本对虾。被感染的虾苗游泳力变差，浮于水体表层，刺激反应迟钝，头上、尾下与水面垂直打旋，肝胰脏白浊，身体微红。

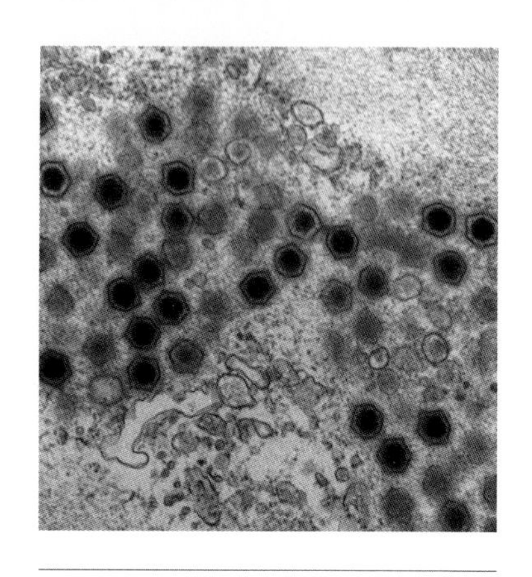

电镜下淋巴囊肿病毒的形态特征（张红华等，2021）

弹状病毒科

传染性造血器官坏死病毒隶属弹状病毒科，主要感染红大麻哈鱼、大鳞大麻哈鱼、虹鳟等，在水温约 10℃的春季和秋季感染严重。病鱼活动迟缓，回旋游动，通体发黑，鳍部出血，肛门有不透明的黏液样粪便。解剖时肝和脾常显苍白，腹腔存有血样液体，消化道中缺少食物，胃内充满乳白色液体，肠内充盈黄色液体。垂死鱼肾窦充血，最终肾脏衰竭而导致死亡。

病毒性出血性败血症病毒隶属本科，主要感染鲑鳟鱼类以及大菱鲆、牙鲆和真鲷等鱼类。在感染早期，病鱼表现出非特异性临诊症状，包括迅速大量死亡（幼鱼死亡率可达 100%），不活泼、肤色变深、眼球突出、鳃丝苍白贫血，鳍条基部、鳃、眼睛和皮肤出血、腹水引起腹部膨大等。在慢性感染状态，病鱼一般无明显症状。该病毒也可能引发神经症状，病鱼表现为持续地浮出水面或打转等异常游动。

牙鲆弹状病毒隶属本科，主要感染牙鲆、真鲷、黑鲷、虹鳟、银大麻哈鱼等，水温 8°C ~ 10 °C 时出现感染高峰。病鱼主要表现为鳍基部充血、腹腔内充满浅黄色的腹水、鳍基点状出血、生殖腺淤血等临床症状，最后引发全身性的病毒血症，直至死亡。

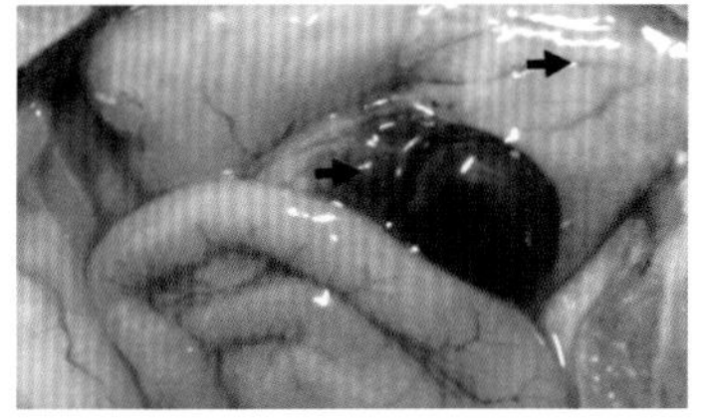

感染牙鲆弹状病毒的牙鲆（张家林等，2017）

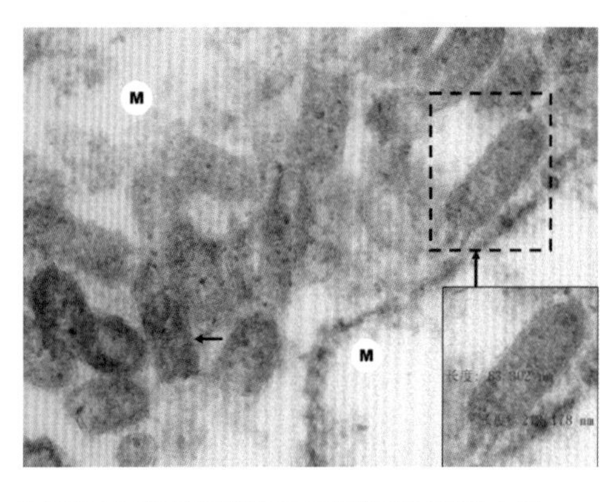

电镜下牙鲆弹状病毒的形态特征（张家林等，2017）

双 RNA 病毒科

传染性胰脏坏死病毒隶属双 RNA 病毒科，主要感染鲑鳟鱼类的鱼苗和稚鱼。病鱼表现为离群，上浮于水面，游动缓慢，出现眼球突出、体色发黑、腹部及脾脏肿大和肝脏苍白等症状。组织病理学观察显示，病鱼肝脾肾组织细胞广泛性坏死、空泡化、溶解，肾小球结构不完整，细胞溶解。

诺达病毒科

病毒性神经坏死病毒隶属诺达病毒科，可感染 170 多种水生动物，包括鱼类、甲壳类和软体动物等，主要危害幼苗期，死亡率在 95% 以上。病鱼主要表现为食欲缺乏，体色发黑，眼球突出，鱼鳔肿大，身体不平衡，间或性螺旋游动，组织病理学检查可见视网膜和脑部有空泡化病变。

病毒性神经坏死病毒感染的珍珠龙胆石斑鱼（张志琪等，2020）

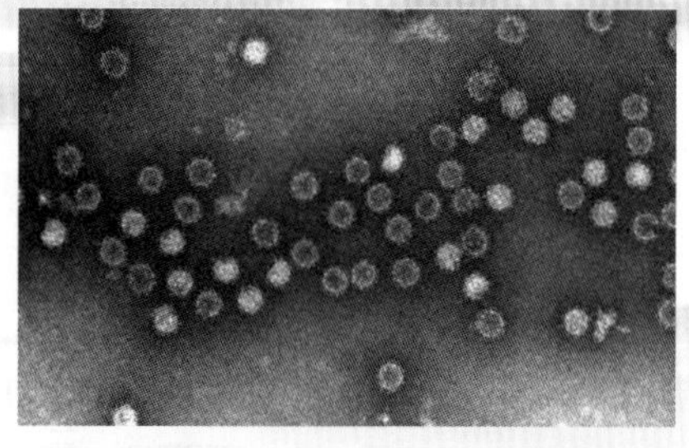

电镜下的病毒性神经坏死病毒的形态特征（张志琪等，2020）

小链接

水产动物病毒病防治

水产动物病毒病在日常养殖过程中应该贯彻“预防为主，治疗为辅”的方针。切断病毒传播途径是预防病毒病的关键。改善养殖环境，加强科学饲养管理，提高水产动物自身的抗病力也是预防病毒病的有效措施。

海水养殖中病原微生物的预防

基于水产动物免疫系统的特点，针对水产动物微生物病害的免疫防控措施主要有应用免疫增强剂提高动物的免疫力、使用渔用疫苗进行疾病的免疫预防。

免疫增强剂可以广谱性地提高水产动物体内免疫分子、免疫细胞的含量，调节动物免疫系统，激活动物免疫功能，从而增强其自身消除病原体的能力。免疫增强剂可有效防控海水养殖中的病害，保障海水养殖效益，推动行业可持续发展。在海水养殖中，可用作免疫增强剂的药剂较为丰富，包括多糖类、寡糖类、中草药、维生素、益生菌、多肽类等。在实际应用中，要根据水产动物的机体特征及易发病害，选择合适的免疫增强剂，保障其作用的有效发挥。

多糖类

寡糖类

中草药

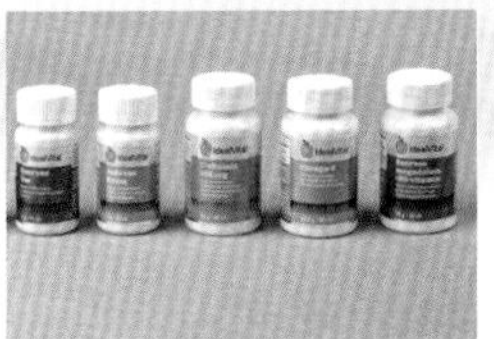

维生素

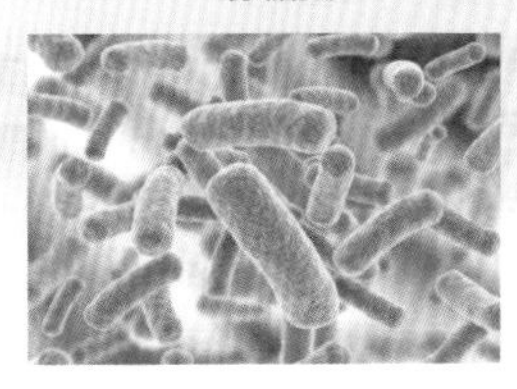
益生菌

多肽类

免疫增强剂

渔用疫苗是指采用具有良好免疫原性的水产动物病原及其代谢物，经过人工减毒、灭活或利用基因工程等方法制成的用以接种水产动物使其产生相应的特异性免疫力，预防疾病的一类生物制剂。渔用疫苗被认为是最具潜力的水生动物医药产品。渔用疫苗可以特异性地提高水产动物针对某

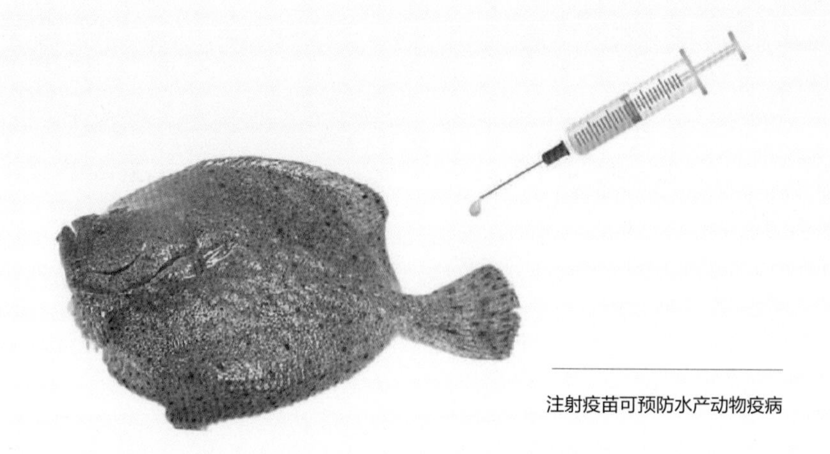

注射疫苗可预防水产动物疫病

一或某几种疾病的抵抗力，可安全、有效地预防水产动物疫病，疫苗免疫技术已成为国际上水产疫病防控的主流技术。

小链接

我国农业农村部批准使用的商品化渔用疫苗

目前，我国农业农村部批准使用的商品化渔用疫苗一共包括以下9种。

①草鱼出血病灭活疫苗(ZV8909株)(93)新兽药证字14号

②嗜水气单胞菌败血症灭活疫苗(2001)新兽药证字06号

③牙鲆溶藻弧菌、鳗弧菌和迟缓爱德华菌病多联抗独特型抗体疫苗(2006)新兽药证字66号

④鰤鱼格式乳球菌病灭活疫苗(BYI株)(2008)外兽药证字16号

⑤草鱼出血病活疫苗(GCHV-892株)(2010)新兽药证字51号

⑥鱼虹彩病毒病灭活疫苗(Ehime-1/GF14株)(2014)外兽药证字48号

⑦大菱鲆迟钝爱德华菌活疫苗(EIBAV1株)(2015)新兽药证字30号

⑧大菱鲆鳗弧菌基因工程活疫苗(MVAV6203株)(2019)新兽药证字15号

⑨鳜传染性脾肾坏死病灭活疫苗(NH0618株)(2019)新兽药证字75号

海洋微生物与海洋环境污染防治

海洋覆盖了地球表面的约71%，它是如此的浩瀚与深邃，以至于很多人会误以为无论人类向其中倾倒多少垃圾，都只是沧海一粟，其影响都可以忽略不计。

直到20世纪60年代，科学家才开始研究究竟有多少垃圾进入了海洋，得到的数据是惊人的。1968年，据美国国家科学院调查估计，人类每年通过船舶或者管道倾倒入海洋的污染物包括1亿吨的石油产品、来自纸浆厂的2万～400万吨酸性化学物质、超过100万吨的重金属等。随着塑料制品登上历史舞台，成为人类使用的主流材料，没有妥善处理的塑料垃圾成为海洋环境的头号污染物，占海洋垃圾的85%。科学家预计，到2050年，海洋中塑料的重量将会超过鱼的重量。

这些种类繁多的污染物从各个方面伤害着海洋环境和海洋生物，最终也会让人类自食恶果。海洋是地球的命脉，人类的生存离不开海洋，我们所呼吸的氧气有2/3由海洋产生。海洋影响着地球的气候，同时为我们提供了大量的食物。海洋的健康与人类的健康息息相关。因此，我们也日益认识到保护海洋环境的重要性。一方面许多国家制定了相关法律法规，约束向海洋丢弃垃圾的行为，减少人类活动对海洋环境的影响，另一方面，我们也在不断尝试修复被污染的海洋，帮助海洋恢复到健康状态。

传统的治理方法包括一系列机械、化学等方法，但往往费时费力，处理不彻底，甚至还会引入新的污染。于是科学家开始研究海洋污染的生物修复，即利用特定的生物来吸收、转化、清除和降解污染物，通过这些生物的代谢作用，将海洋中的污染物变成像水、二氧化碳等无毒的产物，最终还人类一个洁净的大海。其中，微生物虽然小，但是它们存在于海洋的各个角落，甚至是一些极端恶劣的环境中，数量庞大，繁殖速度快。此外，微生物多种多样，其中隐藏着许多能够降解污染物的小能手，我们需要做

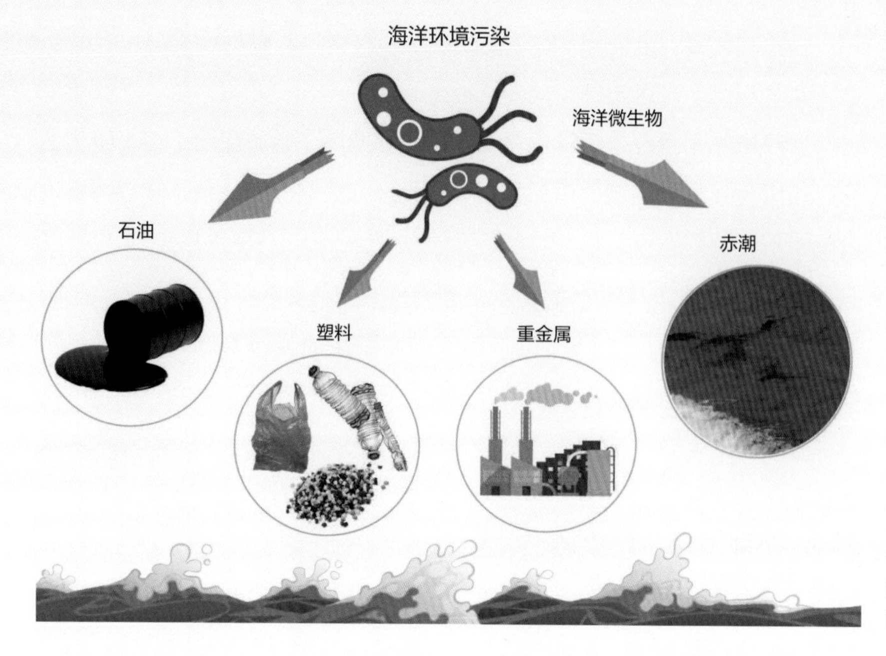

海洋微生物与海洋环境污染防治（张蕴慧绘）

的就是发现这样的微生物，并想办法在人为促进的条件下驱使这些微生物去掉海洋中的污染物。下面我们就具体来看看这些微生物如何在治理海洋环境污染的过程中大显身手。

小小细菌，吃掉最难啃的塑料

2019 年 4 月，在意大利撒丁岛的沙滩上发现了一只长达 8 米的抹香鲸残体。专家对其进行解剖发现，它腹中的胎儿也已经死亡。更令人震惊的是，它的胃里竟有 44 千克的塑料垃圾！专家检查后表示，这些塑料垃圾就是抹香鲸与其胎儿的主要杀手。塑料污染的范围越来越广，从大气到极地冰雪，塑料无处不在。例如，潜水员在南海发现了大量的渔网和塑料袋紧紧缠绕着海洋动物。在南极进行科考的第 34 次南极考察队的科学家，首次在南极海域的海水中发现了微塑料的存在。研究人员从挪威北极斯瓦尔巴尔群岛收集的雪中，每升含有多达 14 400 个塑料颗粒。大量微塑料被运送到高空，以降雪的形式落在北极。

一般来说，直径小于 5 毫米的塑料被称为微塑料，包括工厂直接产生的一些塑料颗粒，也包括由大型塑料垃圾经一系列处理产生的体积减小的塑料颗粒。这些微塑料对于环境的危害程度甚至比大型塑料更大。它们极易被生物误食，无法被消化也不容易排出体外，在海洋生物的消化道中长期累积，会使生物产生饱腹感，摄食量减少，导致营养不良甚至死亡。微塑料自身的化学毒性以及从环境中吸附的化学毒物，会对吃掉它们的生物产生直接伤害，并且通过食物链传递，最终甚至进入人体。目前，科学家已经在人类血液、肺部及粪便等多处检测到了微塑料的存在。

面对越来越严重的塑料污染问题，海洋微生物或许能够帮我们除掉这些棘手的塑料。2016 年，日本微生物学家报道了一项振奋人心的发现，他们在一家塑料瓶回收站中发现了一种新的可以吃 PET 塑料的细菌“大阪堺菌”。PET 塑料常用于制造我们日常生活中的饮料瓶、包装袋，它的自然降解可能需要上百年之久。但大阪堺菌能够产生两种特殊的酶，将

海洋中的塑料污染

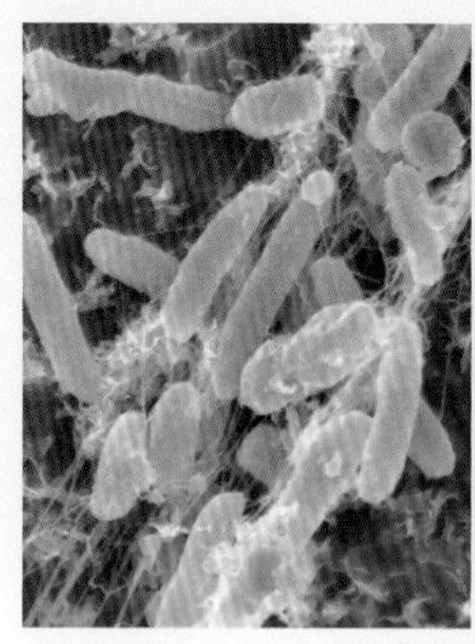
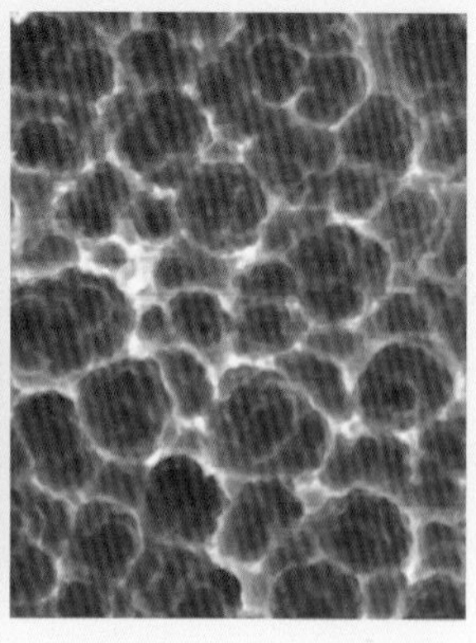

显微镜下的大阪堺菌（左）和降解后的塑料残骸（右）

PET 塑料通过两步化学反应分解为简单的物质，也就是说可以将“难啃”的 PET 塑料“大卸八块”。

事实上，很早以前就已经有微生物降解塑料的发现，但这些微生物往往只能吃掉一些不那么难“啃”的塑料。而大阪堺菌的独特之处在于，它把塑料作为唯一的食物。生长在塑料瓶垃圾堆中的这种细菌，为了活下去，只能改变自己的食物喜好，顺带帮助我们降解了塑料，成为专门的“塑料杀手”。有证据表明，由于环境中的塑料越来越多，微生物正在逐渐演化出降解塑料的能力，特别是在塑料污染严重的一些地区，这给我们发现能够快速降解塑料的微生物带来了一些希望。同时，我们也可以通过基因工程的方法对这些细菌中原有的塑料降解酶进行改造，让这些酶的作用效果更好。

除了能够把塑料一口一口吃掉的微生物以外，科学家也在尝试寻找其他的途径来除掉海洋中的微塑料。细菌能够分泌大量物质到细胞外，这些物质像胶水一样，把许多细菌和它们分泌的这些物质粘在了一起，形成的聚集体称为生物被膜。香港理工大学的科学家将这种生物被膜视为微塑料的捕获器，或可应用于污水处理厂，在微塑料进入海洋之前，将它们收集起来，以进行处理和回收。

“吃油”微生物，享用石油大餐

石油是目前世界上最重要的能源之一，因价值高昂，也被称为“黑金”。尽管石油与我们每个人的生活、国家经济息息相关，但不同国家的石油储量存在很大的差异，需要在不同的国家、地区间进行频繁的运输。世界所需石油的2/3经海路运输，大型油轮是海上运输石油的主要方式，因此海上漏油事件的发生在所难免。大型油轮失事以后，原油流入海洋中，就会造成石油污染。据估计，全世界每年由径流携带入海洋的石油污染物约为500万吨。此外，近海采油平台及输油管的石油泄漏事故，也是造成海洋石油污染的重要原因。

这些石油污染物进入海洋后，会从多个方面带来严重的危害。泄露的石油会杀死许多海洋生物，导致甲壳类和鱼类迅速死亡，沾上石油的海鸟也难以幸免。因为石油能损害羽毛的功能，使海鸟体温降低，其游泳和飞翔能力降低，最后冻饿而死。海面浮油内的一些有毒物质会进入海洋生物体内并积累，使得污染海域的鱼、虾等体内的致癌物浓度明显增高。据统计，每年死于石油污染的海鸟多达数十万只，而甲壳类和鱼类的数量根本无法统计。不透明的石油形成油膜，漂浮在海面上，降低了光的通透性，使受污染海域藻类的光合作用受到严重影响，其结果一方面使海洋产氧量减少，另一方面藻类生长不良也影响和制约了海洋动物的生长和繁殖，从而对整个海洋生态系统产生影响。此外，海洋石油污染会间接加剧温室效应，提高厄尔尼诺现象发生频率，加重全球气候问题。

石油泄漏后目前主要采用围栏将海面的泄油围住，以避免污染面积的进一步扩大，然后用清污船将石油收集起来。进入海洋的石油一部分可直接挥发而进入空气，一部分受紫外线作用可发生极慢的化学分解。绝大部分石油污染要依靠微生物的降解作用来净化。

能降解石油的微生物种类很多，在自然环境中，细菌、真菌都能参与

石油污染的海洋与海洋生物

石油中烃类物质的降解。目前已知可以降解石油的细菌和真菌有 100 多个属 200 多个种。在海洋中细菌和酵母菌为石油的主要降解菌。在近海、海湾等处，因海水中含有丰富的营养物质，石油降解菌的数量较多，石油流入此海域后，较容易被氧化分解掉。然而，远洋海水中营养物质缺乏，石油降解菌很少，发生污染后不容易被分解。科学家一直在筛选那些把石油当“饭”吃且“饭”量大的微生物，尝试将这些微生物制成复合制剂，应用于石油污染区域，让其快速吃光油污。目前这一方法在土壤石油污染治理方面已经取得了初步的成效。

原油的成分复杂，因此很难通过一种微生物实现彻底降解，降解原油的微生物群落往往也十分复杂，并且会随着对石油中不同成分的降解过程而发生相应的动态变化。随着某些成分的消耗，专门以这些成分为食的微生物会死亡，取而代之的是能够利用剩余成分的微生物。自然环境中这些微生物就这样前赴后继，参与到石油降解的过程中，默默贡献自己的一分力量。降解石油的微生物存在于所有的海洋环境中，甚至是寒冷、低营养和高压环境，但它们降解石油的速度可能会有很大的差异，经常暴露于自然泄漏和近期发生过石油污染的环境中的这些微生物的数量和降解速率则可能会大大增加。

消除重金属污染，为海洋“解毒”

说起重金属污染，大家可能有疑惑，什么是重金属呢？所谓重金属就是密度大于4.5克/立方厘米的金属，像金、银、铜、铁、铅、汞等就是重金属。重金属无法被微生物降解，可通过食物链积蓄在人体内，对人类的生活产生了较为严重的影响。例如，汞进入人体后会引起人类大脑视神经异常，日本曾经发生的汞污染水体引发了闻名世界的水俣病。镉会引起人类心血管疾病，甚至导致肾功能衰竭。骨痛病也是镉中毒而致。钴和锑会引发放射性皮肤损伤。

随着社会经济的发展、人口的不断增长，工业生产和生活所产生的废弃物也越来越多。这些废弃物的绝大部分最终直接或间接地进入海洋。当这些废弃物的排放量达到一定限度，海洋便受到了污染，重金属污染便是海洋污染的一大类。目前污染海洋的重金属元素主要有汞、镉、铅、锌、铬、铜等。全世界每年因人类活动而进入海洋中的汞约10 000吨，与如今世界汞的年产量相当。海鱼从海水和沉积物中以及食物中吸收的这些有毒重金属，通过食物链进入人体而损害人体健康。

微生物能够通过不同的机制与这些重金属在海洋中共存，演化出一系列巧妙的解毒机制，包括改变重金属离子的性质等等。目前，微生物吸附技术是一种处理重金属污染的有效手段，该技术利用某些微生物自身或者其分泌物吸附污水中的悬浮物质。这种技术较为新颖，且价格低廉，目前多应用于大面积重金属污水处理。此外，微生物还能够将重金属离子隔离在体内，从而减少环境中的重金属含量，这种原理也被用于污水处理过程。同时，微生物形成的生物被膜同样对重金属有很好的去除效果，例如，一项对黏胶红酵母的研究表明，其浮游细胞对金属的去除效率为5% ~ 10%，但其形成生物被膜之后，去除效率在90%以上。

有机物过量，微生物来消耗

人类产生的生活污水、工厂排出的工业废水进入海洋，会携带过量的有机物（碳水化合物、氨基酸、油脂等）和营养盐（氮、磷等）。有机物污染广泛发生在海洋近岸与河口环境中。

那么大量有机物排放入海会造成怎样的危害呢？首先，有机物多集中于上层海水，漂浮着的有机物遮挡阳光。因此，绿色植物可利用的光能减少，光合作用降低，抑制了海洋初级生产，进而对海洋的食物链（网）产生影响。其次，有机物覆盖于海水表面，使海洋中溶解氧含量严重降低，海洋生物呼吸受阻，海洋生物的生长代谢和繁殖受到不良影响。此外，海洋中的有机物为微生物的生长提供了条件，因此能够引发微生物的大量繁殖，从而影响各类生物的生活。

不过，有机物污染不会像重金属污染那样在生物体内蓄积，并且和其他污染比起来相对易于治理。科学家发现在自然界中存在着种类繁多的微生物能对有机污染物进行有效降解，又将其转化为无害的物质释放到自然环境中。但在自然环境中，这些有机物降解细菌相对较少，不足以消除进入海水中的大量有机污染物。科学家要做的就是设法从环境中获得这些细菌，经培养获得大量的活菌体，然后再把它们放入被污染的海水中，使其消除污染，净化海水。微生物降解有机物具有成本低、无二次污染等优点。微生物絮凝技术是一种消除有机物污染的有效手段，海洋微生物在生长和代谢过程中会产生一些功能性多糖和糖蛋白等具有絮凝功能的高分子有机物，可用于污水污泥的处理，有些微生物本身也是高效的絮凝剂。

“杀藻”微生物，消灭赤潮大作战

赤潮是在一定的环境条件下，海洋中某些浮游藻类、原生动物或细菌暴发性繁殖或聚集，导致海水变色的一种生态异常现象。这是一种非永久性的自然现象，对沿岸环境和水生生态系统产生了严重影响。

随着经济社会的发展，人类与海洋的互动日益频繁，工业化和城市化加剧，导致赤潮事件频发，对生态环境和人类健康造成的危害日益严重，并有全球化的趋势。如今，赤潮已成为世界沿海国家共同面临的海洋环境灾害之一，严重影响着沿海国家的可持续发展。赤潮往往伴随着海洋鱼类、海龟、海鸟、海洋哺乳动物和其他生物的大规模死亡，使得沿岸海水变色，危害水质，同时散发出恶臭的气味。鉴于赤潮造成的严重后果，目前已有很多赤潮防治措施，但是物理和化学的方法都不能够达到理想的效果，而细菌、病毒、真菌等微生物对赤潮治理具有明显的功效。

有一类细菌对于微型藻类而言是“爱恨交织”，它既能分解藻类产生的有机质为藻类提供营养，同时也可以抑制藻类的生长甚至于裂解藻类细胞，这类细菌就是溶藻细菌。一直以来，关于黏细菌的研究很多，现在已

赤潮暴发

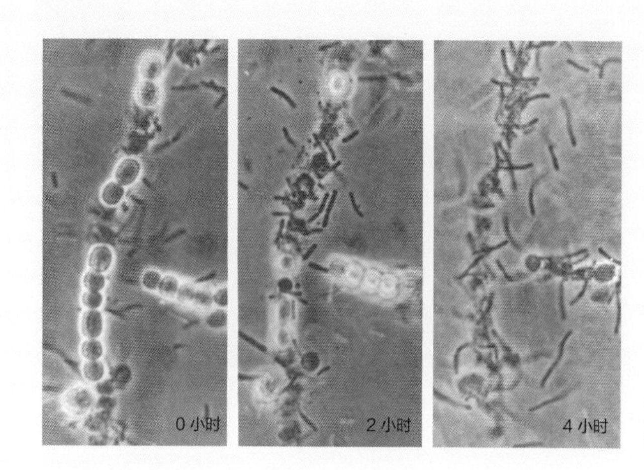

黏细菌对蓝细菌的裂解

经知道它与蓝细菌（蓝藻）细胞接触的时候，发生捕食作用使蓝细菌细胞破裂从而溶藻。除此之外，科学家在日本发现了一种腐生螺旋体属海洋细菌，它能够把硅藻细胞聚集起来一起裂解掉。

这些都是直接将藻类细胞杀死的细菌。还有一类细菌，它们有奇特的功能，能够产生一些杀藻化学物质消灭藻类细胞，如弧菌、假单胞菌、放线菌。有科学家通过实验发现，交替假单胞菌能够释放一种杀藻物质，在三小时内迅速消灭链状裸甲藻、海洋卡盾藻以及赤潮异湾藻等有害赤潮生物。一些真菌可以释放抗生素抑制藻类的生长。例如，海洋真菌镰孢霉菌和枝顶霉菌中分离出一种化合物，该物质对海洋绿藻和中肋骨条藻有毒性作用。

此外，无处不在的海洋病毒与赤潮的关系也十分密切。1985 年以来每年夏天，一种“褐潮”都会来势汹汹地席卷美国并突然消失。后来科学家终于弄清其中的缘由。这种“褐潮”由金藻引起，突然消失的原因是金藻细胞中出现了很多病毒。病毒迅速感染了金藻细胞，很快将金藻细胞溶解，“褐潮”也就随之消失了。赤潮异弯藻也是形成赤潮的藻类种类之一，科学家研究发现，它能被赤潮异弯藻病毒感染并呈现出濒死的状态。

海洋与人类
海洋
微生物与
海洋生态保护

维护海洋生态系统平衡

海洋是生命的摇篮，在海洋中，除了我们常见的鱼、虾、贝、藻等之外，还有数量庞大的微生物。这些看似不起眼的小家伙在海洋中却扮演着“巨人”的角色：它们是地球上最早的“居民”；它们彼此相互作用，维护着整个地球的生态系统；它们与环境相互作用，影响着全球的气候变化。

海洋微生物，现代地球生态系统的“缔造者”

这一部分故事的主角被认为是改变了世界的微生物，它们对于今天的人类、海洋、地球具有非凡的意义。它们曾引发第一次大规模的物种灭绝，但也为之后的复杂生命的演化铺平了道路。它们是谁呢？又是怎么做到的呢？

它们以单细胞的生命形态，将第一个自由氧分子，也就是氧气，送到大气层中。它们就是蓝藻。它们的细胞结构与细菌一致，没有细胞核和其他任何细胞器，因此又被称作蓝细菌。而关于这种简单微生物的故事，正是地球上生命故事的一个关键篇章。

让我们乘坐时空隧道，来到35亿年前。那时候的地球大气层并不是我们现在呼吸的富含氧气的混合物，而是充满着氮气、二氧化碳和甲烷。而几乎所有的氧气都不是以自由氧分子的状态存在。因此，海洋被厌氧微生物填充。它们能够以单细胞形式在没有氧气的环境中生存，并通过摄取海洋里的营养物质茁壮成长。

时间来到了25亿年到35亿年前，一类漂浮在海洋表面的微生物进化出了一种新的能力：光合作用。这些微生物就是我们现在说的蓝细菌的祖先。它们含有叶绿素，可用来捕捉所需要的阳光。光合作用使这些古老的蓝细菌相比于别的物种有更大的优势，它们可以利用阳光获得自己所需要的能量。所以，它们的数量急剧增加，并开始向大气中排出一种气体，那就是对于当时大气来说的新型“废气”：氧气！一开始，这些突增的额外氧气能够与环境中的铁发生化学反应被吸收。但在数百万年之后，蓝细菌生产氧气的速度超过了氧气被吸收的速度，氧气开始在大气层中聚集。而这对地球上的其他生物，也就是那些厌氧微生物来说是个大问题，富氧的空气对它们来说是有毒的！

结果呢？25 亿年前，地球上除了蓝细菌之外几乎所有的生命体都灭绝了。科学家将这一事件称作大氧化事件，也叫作氧化灾变。然而，蓝细菌的出现并不是仅仅造成了生命体的灭绝这一个问题。甲烷一直是使地球

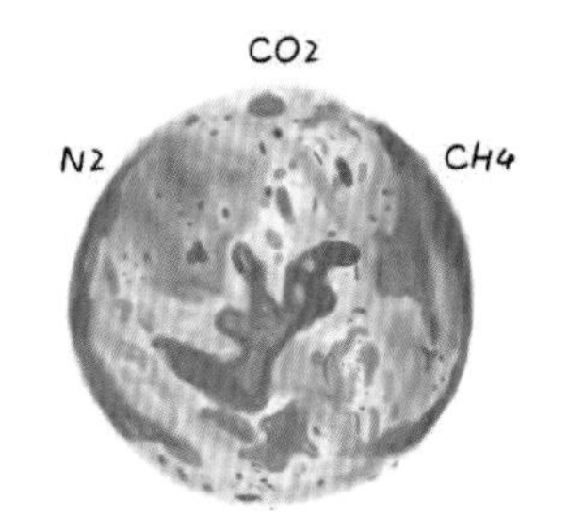

35 亿年前，地球大气层中充满着氨气、二氧化碳和甲烷

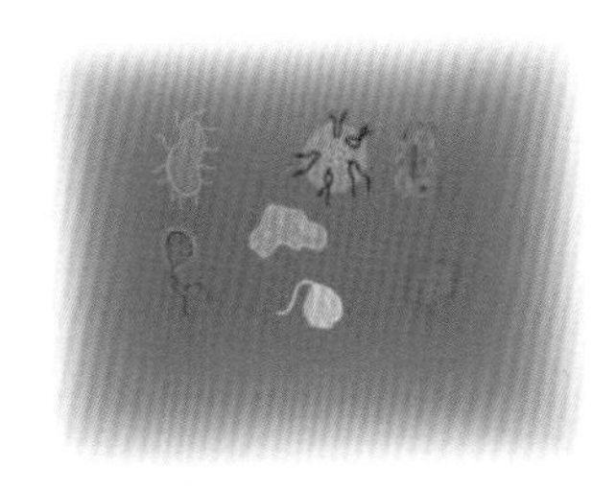

海洋被厌氧微生物填充，它们能够以单细胞形式在没有氧气的环境中生存

25 亿年到 35 亿年前，蓝细菌的祖先进化出了光合作用能力，利用阳光，将二氧化碳和水转化成氧气和糖分，来获得所需要的能量

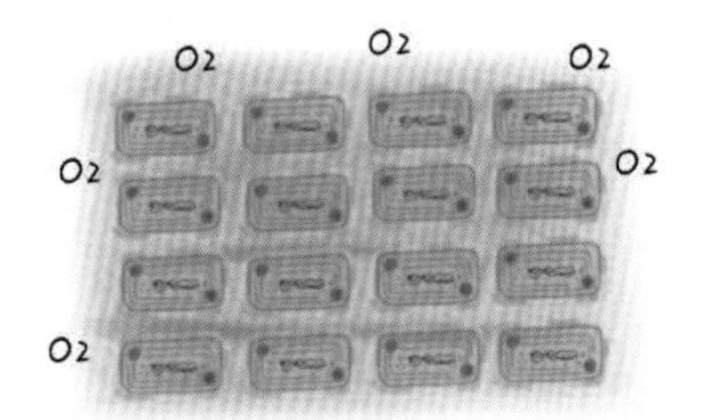

光合作用使得古老的蓝细菌相比于其他物种具有更大的优势，所以它们的数量急剧增加，并开始向大气中排出一种新型“废气”：氧气

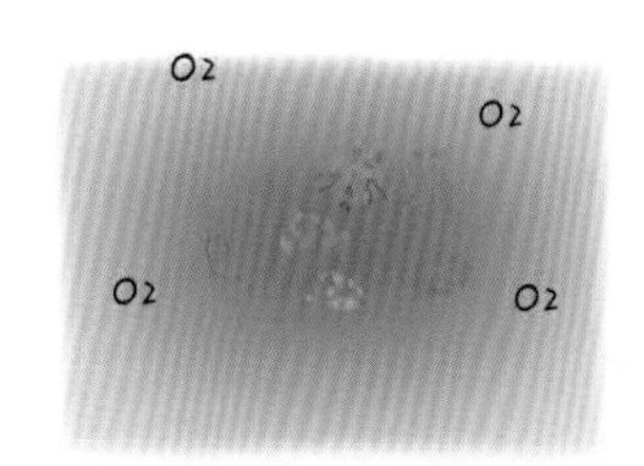

氧气在大气层中聚集，但富氧的空气对厌氧微生物来说是有毒的

蓝细菌将地球变成了一个充满氧气的星球（王浩文绘）

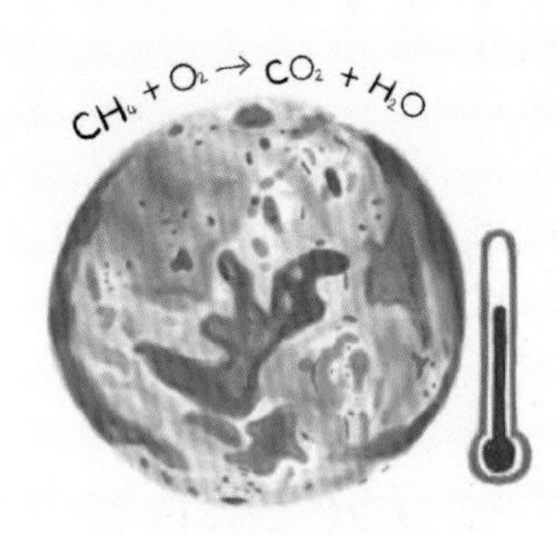

甲烷一直是使地球温暖的强效温室气体，但多余的氧气和甲烷反应生了二氧化碳和水

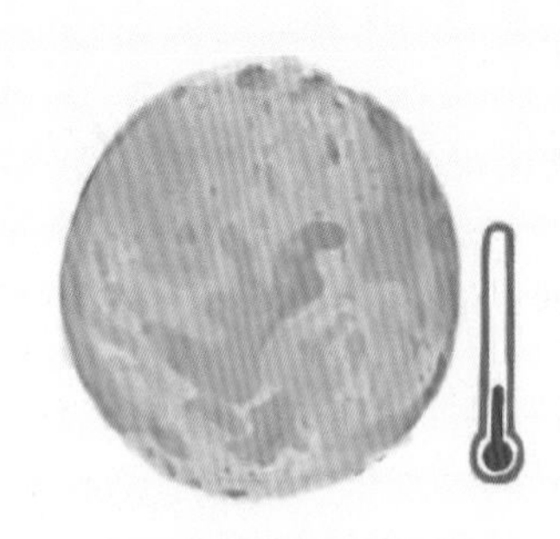

甲烷的减少使地球上的热量大量流失，最终导致了地球上第一次大冰期，持续了数亿年

最终，需氧微生物出现了，并逐渐进化出更复杂的形态

休伦大冰期和需氧微生物的产生（王浩文绘）

温暖的强效温室气体。但现在，多余的氧气和甲烷反应产生了二氧化碳和水，甲烷的减少使地球上的热量大量流失，最终导致了地球上第一次，也可能是最长的一次冰期：休伦大冰期。这时的地球基本上是一个大雪球，并以这种状态持续了数亿年。但是最终，生命体开始进化来适应这种环境：需氧微生物出现了。它们开始吸收大气中的氧气。最终，氧气达到了今天大气中的浓度，也就是大约21%。需氧微生物逐渐进化出更复杂的形态。

可不要觉得蓝细菌是个老古董，事实上，它是典型的“活化石”，至今仍活跃在地球生命舞台上。在海洋中、湖泊里、土壤岩石里，蓝细菌依然孜孜不倦地进行着光合作用，不断地向大气中泵出氧气。如果没有蓝细菌，我们不会认识生命，也不会有今天的人类。这一小小的、简单的微生物推动着地球的演化，成为现代地球生态系统的“缔造者”，也成就了今天的人类。

微食物环，一张蔓延在整个海洋的网

海洋就如同一个巨大舞台，不同类型的海洋微生物都粉墨登场，扮演着不同角色。在这其中最为重要的四位主角分别是浮游植物、浮游动物、异养细菌和病毒。四者围绕着有机物质这一中心发挥着不同的作用。因为这四位主角的“身材”都很小，且彼此的关系连接成一个“圆圈”，即微食物环。微食物环是一种特殊的海洋食物网。

浮游植物能够通过光合作用生成有机物；浮游动物捕食浮游植物和异氧细菌获得能量和有机物质并将其向更高营养级传递；病毒通过杀死浮游植物、浮游动物和异养细菌产生残体、释放生物碎屑；异养细菌则分解这

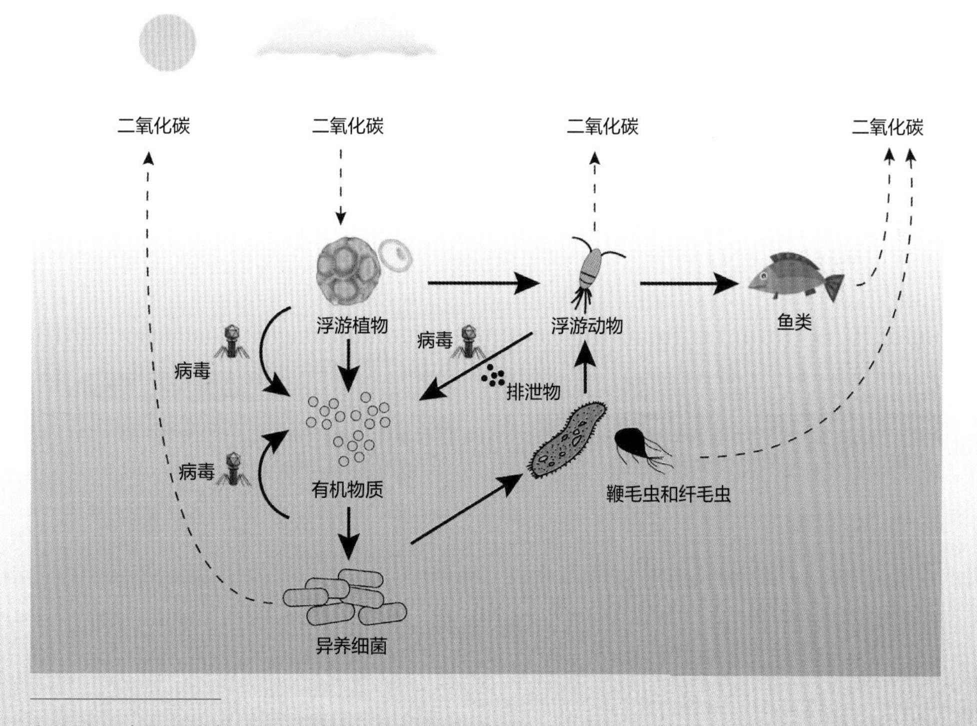

海洋食物网（顾冰玉绘）

些生物碎屑及尸体，重新释放出浮游植物生长所需的营养物质，因此，各种生命在微食物环中得以生生不息。

下面就让我们逐一认识下这个名为“海洋微食物环”的舞台剧中的各个角色吧！

浮游植物——海洋的隐形森林

在有阳光照射的海洋里，居住着各式各样非常微小的单细胞微生物。它们的数量非常多，且体积非常微小。它们就像我们所熟知的陆地植物一样，能够利用水、二氧化碳和阳光进行光合作用，它们是“海洋的隐形森林”，我们称它们为浮游植物。这些浮游植物通过光合作用不仅为自己制作食物，也为其他几乎所有海洋生物提供有机物质。因此，它们是整个海洋生态系统的初级生产者。

千万不要小看这些小家伙，它们光合作用的能力可是十分强大的。据统计，这些微小的浮游植物加在一起只占地球植物重量的不到1%，但是它们每年光合作用的总量不亚于陆地上的所有植物。众所周知，光合作用就是吸收二氧化碳，利用阳光生成糖类，释放氧气的过程。也正是由于光合作用所释放出的氧气，我们人类才能够生存。就在你读这些文字的时候，你刚刚吸入的氧气有50%来自这些看似不起眼的浮游植物。不仅如此，每一年这些微小的浮游植物能够将约500亿吨的大气中的二氧化碳吸收到海洋中，相当于全世界初级生产力的一半。浮游植物有效地帮助我们缓解了全球变暖。

浮游植物如此重要，却几乎无法用肉眼看清楚，那科学家又是怎么知道它们在海洋里的数量呢？科学家通过卫星携带的海岸带水色扫描仪，从太空中实时监控浮游植物种群。浮游植物的体内含有光合作用所必需的叶绿素a，叶绿素a使浮游植物吸收更多的蓝光。这样浮游植物越多，叶绿素a也越多，海洋的颜色从蓝色转变为绿色。通过多年来记录的图像，科学家明确了海洋浮游植物的初级生产力，更好地了解了浮游植物的分布及其生物量随时间的变化。

浮游植物可简单分成两类，即原核浮游植物和真核浮游植物。核就是细胞核的意思。原核浮游植物起源最早，体形较小；真核浮游植物起源较晚，体形相对较大。

原核浮游植物，主要是蓝细菌，被认为是地球上起源较早的生命之一。蓝细菌大约出现在30亿年前，并将海洋及大气由无氧状态转化成有氧状态。原核浮游植物的个子较小，直径仅有0.5 ~ 2微米。人类的头发直径范围在17 ~ 180微米，也就说它们的直径约相当于头发丝的1/100倍。原核浮游植物数量众多，主要是原绿球藻和聚球藻。可别小看它们，浮游植物所固定的二氧化碳，有2/3要归功于原核浮游植物。它们能够在营养盐十分贫瘠的远洋生存，是生物量最多的浮游植物。

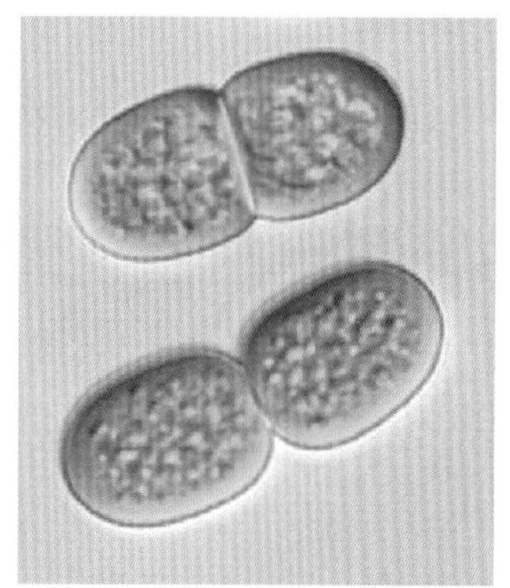
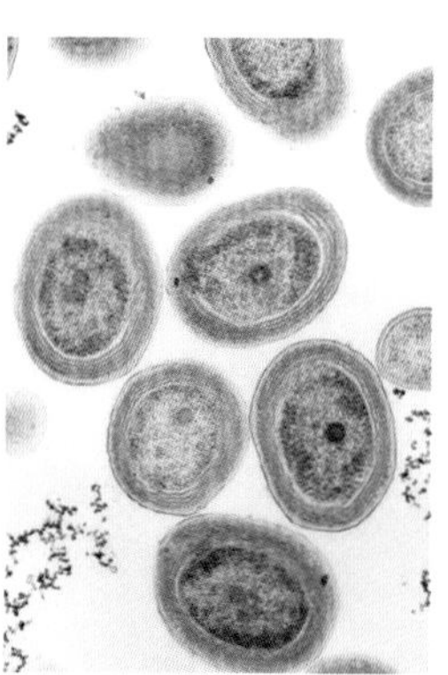

原核浮游植物——蓝细菌（从左到右：束毛藻、聚球藻、原绿球藻）

相对于原核浮游植物，真核浮游植物一般体形较大，主要有硅藻、甲藻、球石藻。海洋微生物的“选美冠军”一定非硅藻莫属。硅藻是一类具有色素体的单细胞藻类。它们的细胞壁由二氧化硅构成，因此该藻得名硅藻。这层保护膜十分坚硬，保护着硅藻。在显微镜下，硅藻以极为有序的

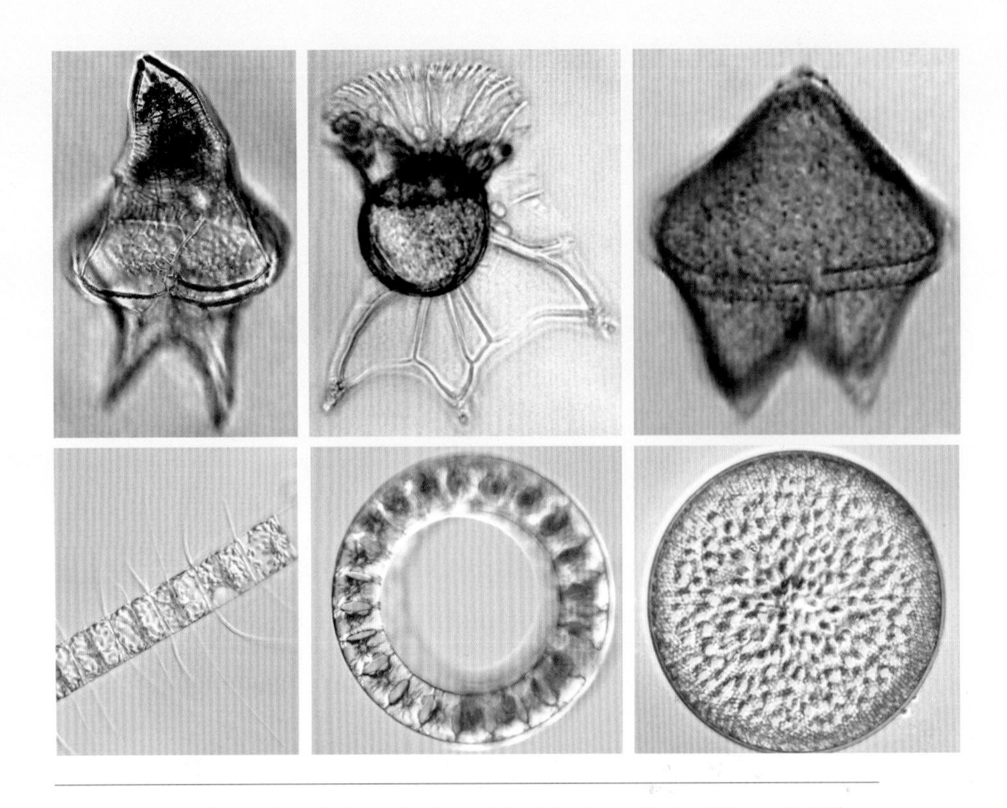

真核浮游植物。甲藻（第一排，从左到右分别为勃氏异甲藻、大鸟尾藻、锥形原多甲藻）和硅藻（第二排，从左到右分别为圆柱角毛藻、浮动弯角藻、细弱圆筛藻）
（硅藻照片由杨世民提供；甲藻照片引自杨世民，李瑞香，董树刚的《中国海域甲藻》）

方式排列，使其细胞外壳具有观赏性，仿佛经过了精心的设计，让人惊叹大自然的鬼斧神工。

浮游动物——海洋微生物和人类之间的“中间人”

海洋中的鱼和无脊椎动物（甲壳动物、软体动物等）的幼体、小的甲壳类动物、刺胞动物和单细胞原生动物（鞭毛虫、纤毛虫等）等构成了海洋浮游动物。它们的体形通常比浮游植物要大。单细胞的鞭毛虫体长只有2微米，最大的浮游动物水母体长甚至可达40米。浮游动物具有各种各

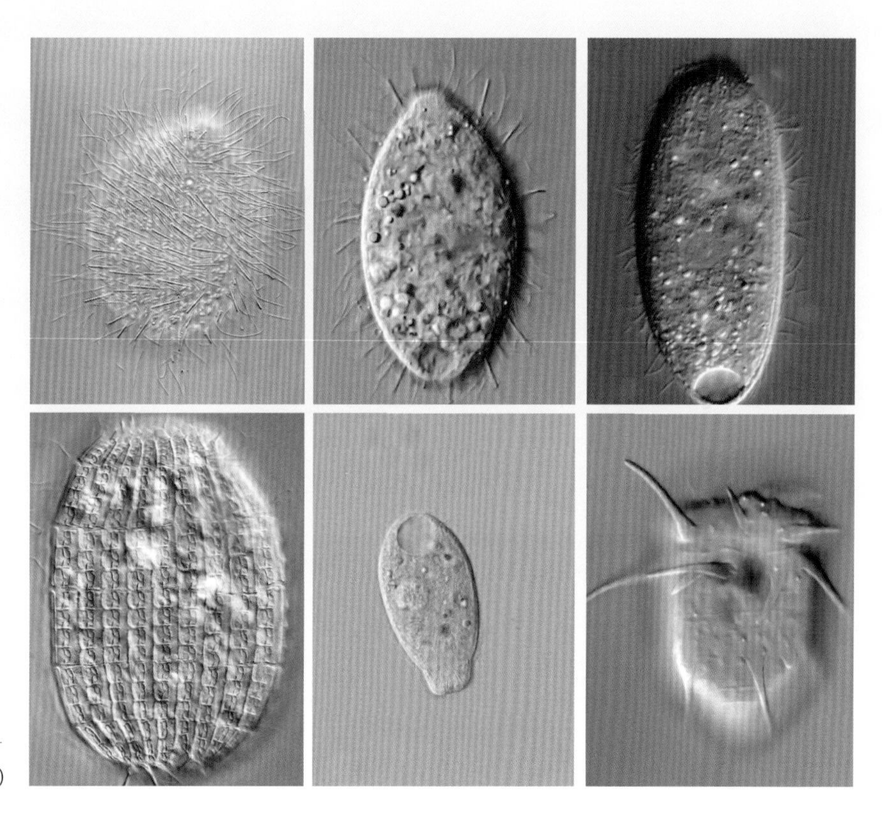

形态各异的纤毛虫（闫莹提供）

样奇特的形态，好似海洋中的小怪兽。它们都漂浮在海洋这个充满咸味的家里，依赖着水流移动。

浮游动物无法自己生产食物，大多以浮游植物、异养细菌、有机物质颗粒为食，是海洋中的初级消费者。有的浮游动物可以和浮游植物及细菌生活在一起，并以它们为食；有的则选择在夜晚游到表层海洋来吞食浮游植物和细菌；还有些浮游动物则选择“静坐”在海洋深处，等待着浮游植物和细菌的死亡，等到这些残体沉降到海底坐享渔翁之利。

海洋中的浮游植物和异养细菌都漂浮在海水中，因此想要美美地饱餐一顿，鞭毛虫和纤毛虫就需要利用纤毛和鞭毛的摆动产生水流，过滤掉海水后捕食浮游植物和细菌。要知道它们每小时能过滤高于自身体积上千倍的海水。

浮游动物还是海洋中幼鱼、软体动物甚至海鸟等其他动物的重要食物来源。据统计，蓝鲸每天就需要消耗多达16吨的浮游动物。一般来说，鞭毛虫和纤毛虫等单细胞原生动物会被稍大的桡足类浮游动物所捕食。而桡足类等浮游动物又会一级一级地被更高营养级的贝类、鱼类等吃掉。而站在食物链顶端的捕食者包括鲨鱼和海豚等动物。

这样说来，浮游动物好似海洋生态系统中的“中间人”，将浮游植物所固定的有机物质传递给了海洋食物网上层的食肉性动物。

海洋为什么是“干净”的？——异养细菌是海洋生态系统的分解者

如果你从太平洋中取一杯海水，你会发现这杯水与我们平时喝的水看起来并无两样，都是透明的。也许你会问，里面鱼的粪便去哪儿了，为什么没有污染海水？

这要归功于海洋中有“清道夫”和“分解者”之称的异养细菌。异养细菌能够“吃掉”海水中的有机物质，这不仅包括浮游动物和其他海洋生物的排泄物，还有各种吃剩下的食物残渣、生物的尸体等等。异养细菌将这些有机物质分解成无机的营养物质，如二氧化碳、硝酸盐、磷酸盐及微量金属，而这些无机的营养物质将被浮游植物再度循环利用。

海洋中有机物的种类多种多样，不同类型的异养细菌对各种类型的有机物的喜好也不相同。为了能够利用这些有机物，异养细菌使出了浑身解数。大分子有机物一般不能够被异养细菌直接吸收，因此它们能够分泌和产出各种胞外酶，将那些复杂结构的大分子有机物降解为单体。异养细菌再借助各种转运系统将小分子有机物吸收到细胞内。异养细菌还能够相互协作，“牙口好”的把大分子有机物变成小分子，“牙口不好”的进一步利用这些小分子有机物，爱“啃骨头”的将结构复杂的有机物降解，最终更为有效地利用海洋中的有机物。

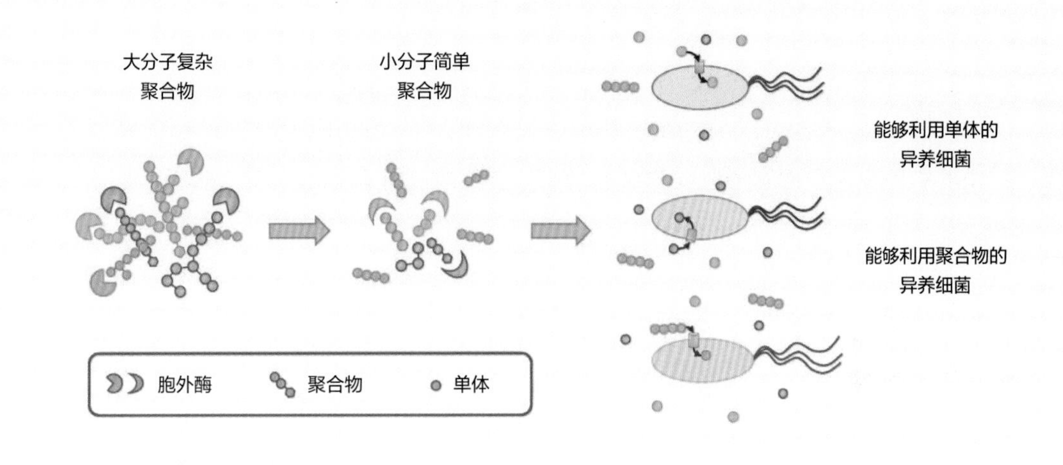

异养细菌能够分解各类有机物（张晓华、成渊超绘）

病毒，这个“污名”它们还要背多久？

提到病毒，我们的第一反应就是流感、艾滋病等疾病。然而，海洋病毒能够通过对宿主——微型生物的裂解，改变海洋生态系统的物质流和能量流的方向。

就像我们人类会受到病毒的感染一样，海洋微生物也无时无刻不承受着来自海洋病毒的攻击。研究估计，在每毫升的表层海水中就有约 1 000 万个海洋病毒，每天它们能够导致超过 1/3 的微生物死亡。

当微型生物被病毒所感染并最终裂解后，细胞内的营养物质等有机质就会被释放到海洋中，然后再次被异养细菌所利用，而不是向更高级的浮游动物流动，这一过程被科学家称作“病毒回流”。科学家估计通过感染，病毒每年向海洋释放多达 3 000 兆吨的碳。而在短短的眨一次眼的时间里（0.3 秒），海洋中发生的病毒感染数量就相当于宇宙中恒星的数目。因此，病毒并不是个可怕的怪兽，它是海洋营养物质快速循环的主要力量。

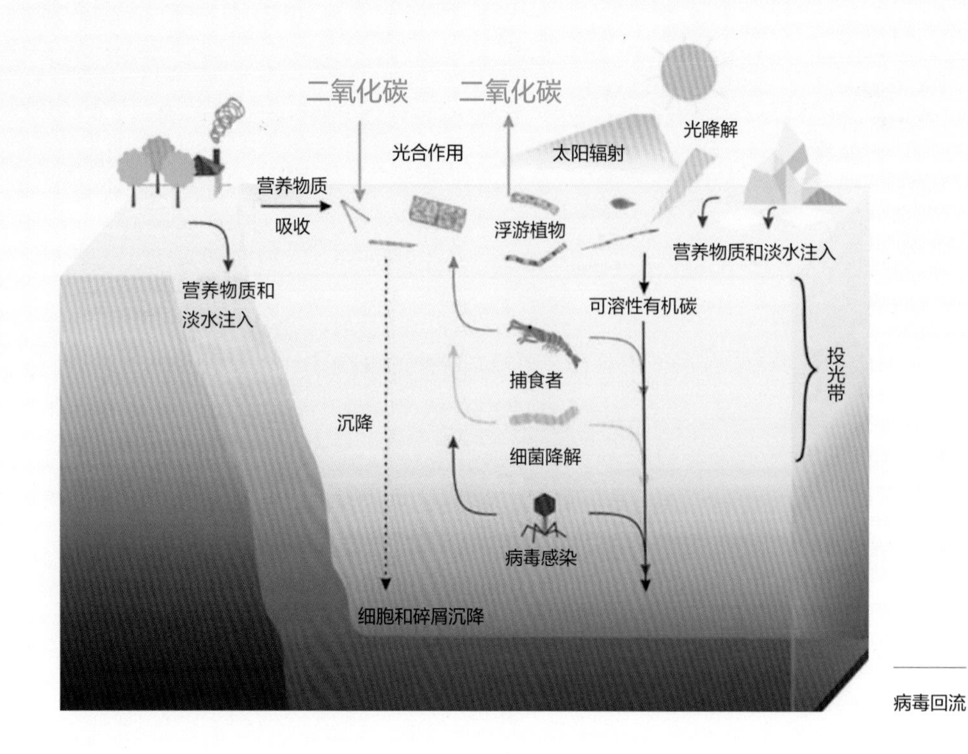

病毒回流

人类，海洋生态系统中不可或缺的一环

事实上，人类也在这部舞台剧中扮演着角色。我们所做的任何事情都会影响着食物网的其余部分。首先，人类发现了化石燃料从而逐步建立了现代文明。在短短一两百年内，大量地燃烧化石燃料将二氧化碳的浓度提高到过去几十万年的约2倍。这些快速增加的二氧化碳已经导致全球增温、海洋酸化及环境巨变等。不仅如此，作为站在海洋食物网顶端的掠食者，人类的行为决定了整个海洋生态系统的平衡。不加节制地过度捕捞不仅仅使得渔业资源衰退，更会打破整个海洋食物网的平衡。而水产养殖业的蓬勃发展也带了许多新的问题。例如，密集养殖以及抗生素的使用使得近海水域富营养化严重、水质受到污染。

科学家正在努力地全面了解海洋生态系统，从而更好地了解人类行为对其的影响。尤其是这些看不见的微生物，它们在稳定海洋生态系统、应对日益严峻的环境污染和气候变化等问题中发挥着重要的作用，它们也是渔业长期、可持续发展的基石。

谁说人类是最高等的生物？或许那些海洋中的浮游植物、细菌、病毒都不会同意。因为如果没有浮游植物的光合作用、细菌的分解作用以及病毒的循环作用，整个海洋生态系统就会崩溃，而人类的未来又将何去何从？

应对气候变暖

人类所处的这个蓝色星球上，这一片蔚蓝海洋覆盖了地球表面的约71%。不仅如此，海洋还是地球上最大的碳汇，全球约一半的二氧化碳被海洋吸收和储存。海洋在全球气候变化中起着重要的调节作用，而令人惊奇的是这种调节作用很大程度上是依赖海洋微生物。

在阳光能够透射的海水当中，浮游植物及光合细菌利用太阳能将空气当中的二氧化碳和水结合起来，制造有机物，并且产生我们必不可少的一样物质：氧气。

正像前文所述，海洋内部存在着一个个持续运转的微食物环。这些能够吸收阳光能量的浮游植物和光合细菌构成了海洋食物网的基石，由此进行着物质循环与能量流动。在这个过程中，浮游植物和光合细菌将空气中的二氧化碳转化为有机物质中的碳，这便是我们通常所说的“海洋中的生物碳汇”过程。这些碳一经固定，就以有机物的形式沿着食物链传递到虾、鱼类、鲸等。那么最终这些碳元素会去向哪里呢？

在物质循环的往复中，一部分碳重回大气。生物在进行呼吸作用时，会将有机物氧化分解产生二氧化碳或其他物质。与此同时，具有强大固碳能力的浮游植物并非海洋中唯一的微型生物。在这错综复杂的海洋食物网中还有第二类微型生物基石——异养细菌和古菌。这些异养细菌发挥着一个重要的功能：将复杂的有机物分解为二氧化碳和必需的无机营养物质。这个过程称为再矿化过程。

这个过程与日常中常见的蔬菜腐臭过程并无二异。那么，为什么海洋不臭呢？在某些地区的海洋会有臭烘烘的味道，比如营养过于丰富，藻类大量繁殖发生赤潮地区。但是在大部分海域当中，再矿化这个过程还来不及产生臭烘烘的味道，这些被释放的有机物和被再矿化的产物马上就会被旁边的微生物重新利用起来。

不过，也有一部分碳元素会“碳沉大海”。经由光合作用固定转化的有机碳沿着食物网一级一级流动，有的流至更深水层的摄食者中。这些组成了生物体的有机物质以颗粒有机碳的形式沉降至海底。而如前面所说，具有裂解性的病毒会感染海洋微型生物使其快速裂解。随着大量的海洋微型生物死去，它们会沉淀到海底，就这样层层累积起来，形成了石油和泥土。例如，英国多佛的古代遗迹白崖，正是由于在长久的地质沉积中具有白色钙质外壳的颗石藻和有孔虫不断沉积而成的。

海水中产生的新病毒马上就会投入战斗，迅速感染新的宿主。一旦病毒把它们的宿主爆开，宿主细胞当中有黏性的分子就释放出来，裹挟住更多的有机碳化合物分子，如同巨大的雪暴，纷纷落入海底。通过这样的机制，病毒间接导致大气中的二氧化碳每年减少约 3 000 兆吨的碳量。一些碳被其他微生物转化为复杂的有机物，在特定环境下，细菌或其他生物体都无法进一步降解这类有机物，这类有机物被称为惰性溶解有机碳。这种在深海漂浮的顽固有机物是地球上最大的碳储层。惰性溶解有机碳构成了海洋中一个巨大的碳库，其容量与大气中二氧化碳的含碳量相当。

科学家早就知道惰性溶解有机碳的存在，但半个世纪以来一直不知道

多佛白崖

它是怎么产生的，甚至猜想它可能来自海床下的有机物渗漏，但被后来的研究否定。焦念志教授研究发现，深海中惰性溶解有机碳的大部分是由微生物将活性溶解有机碳转化而来的。这一过程转化效率高，且得益于数量庞大的海洋微生物，其可转化的总量惊人。这种机制被称作“微型生物碳泵”。

事实上，表层海洋产生的有机物中仅 15% 被海洋生物泵入深海，在那里“储存”了数千年。数百万年来，它被转化为石油。因此，在地质时间尺度上，海洋表面的初级生产将碳储存在地球深处，但随后因人类活动碳又被大规模释放。

通过微型生物碳泵，浮游植物和浮游细菌在全球碳循环中发挥着关键作用，碳循环是碳从大气中流入生物圈、陆地、海洋再返回的循环路径。事实上，自 19 世纪初以来，海洋吸收了大约一半的化石燃料燃烧排放的

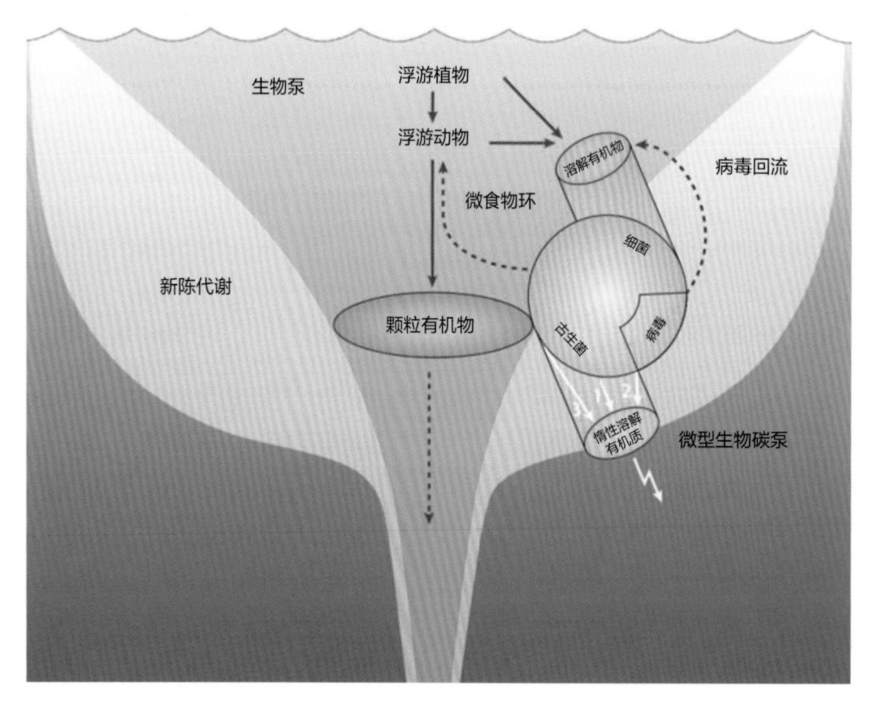

微型生物碳泵
（Jiao 等，2010）

二氧化碳，减少了这种温室气体在大气中的积累。一些海洋学家甚至估计，如果上层海洋的微生物今天停止向深海输送碳，大气二氧化碳水平最终将比目前的状态再上升 50%，进一步加速全球变暖。

但是也有着许多的因素制约着这些生产者对于阳光能量的固定。比如任何植物都需要的氮和磷在海洋当中并非均匀分布的。

作为控制初级生产力的重要元素，氮和磷循环对海洋生态系统的作用十分重要。病毒裂解宿主细胞后，氮和磷一部分以病毒颗粒、宿主细胞碎片的形式存在，产生的核酸和氨基酸等物质也含有大量的有机氨和有机磷。据估算，海水中大约 12 % 的溶解性 DNA 存在于病毒颗粒。虽然病毒 DNA 仅占海水中总有机磷的 1%，但是因为海水中 DNA 的转化速率很快，所以病毒 DNA 在有机磷的循环中仍起着重要的作用。

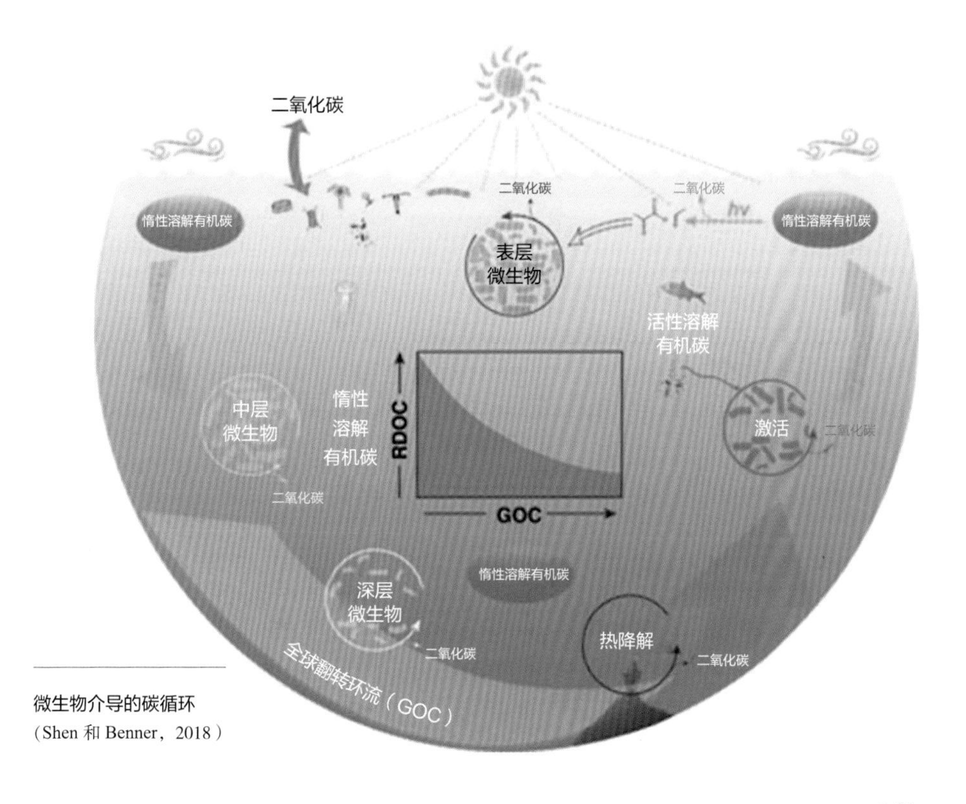

微生物介导的碳循环
（Shen 和 Benner，2018）

更重要的一个因素便是铁元素。铁元素深刻影响着藻类的繁殖。20世纪80年代，著名海洋学家约翰·马丁根据南大洋等高营养盐海域藻类生长受铁限制，以及南极冰芯记录地球历史时期沙尘（铁）输入与大气二氧化碳浓度的负相关关系，提出“铁假说”理论。他认为在南大洋、东太平洋等“高营养盐，低叶绿素”（HNLC）的海域添加少量铁可显著促进海洋藻类生长，促进大气中的二氧化碳通过光合作用转化成有机物，并通过生物泵沉降埋藏到海洋内部。当足够多的HNLC海域都进行铁“施肥”后，就会增强海洋碳汇，从而降低大气中的二氧化碳浓度，扭转温室效应，使地球降温。基于此，马丁在1988年的一次报告中说出了“给我一船铁扔到海中，我能让地球重回冰河世纪”的豪言壮语。而病毒介导的蓝细菌和异养生物的裂解，可以释放宿主细胞的铁，这种形式的铁比无机铁更易吸收，生物利用率更高，可以提高HNLC海域的初级生产力，让二氧化碳更好地被吸收。

这便是海洋微生物吸收温室气体的过程。而海洋微生物除了可以吸收温室气体，同样可以排出“冷室气体”，这便是大名鼎鼎的二甲基硫。

二甲基硫是海洋中最丰富的挥发性硫化物，在海洋挥发性硫化物中占主导地位，占全球天然硫排放总量的50%以上。二甲基硫可以调节酸雨、酸雾，还可以形成云凝结核，形成一片一片的云彩，这样增加了对太阳的反射，让“炽热躁动”的地球“冷静”下来。因此二甲基硫被称为“冷室气体”。

二甲基硫的前体物质是二甲基巯基丙酸内盐，通常二甲基硫都是通过降解二甲基巯基丙酸内盐来产生的。二甲基巯基丙酸内盐广泛存在于各种海洋藻类中。许多海洋藻类具有合成与积累二甲基巯基丙酸内盐的能力。

那么这些二甲基巯基丙酸内盐如何被降解形成二甲基硫呢？一种途径是藻类细胞会产生一部分的酶来降解二甲基巯基丙酸内盐。第二种途径则是病毒裂解藻类细胞，将二甲基巯基丙酸内盐释放到海水中，海水中的微